W0256685

(Fortsetzung 3. Umschlagseite)

WERKSTATTBÜCHER
FÜR BETRIEBSBEAMTE, KONSTRUKTEURE UND FACH-
ARBEITER. HERAUSGEBER DR.-ING. H. HAAKE VDI
HEFT 10

Der Gießerei-Schachtofen

im Aufbau und Betrieb

Von

Johann Mehrtens VDI

Berat. Ingenieur für das Gießereiwesen, Berlin

Dritte, neu bearbeitete Auflage des Heftes
„Kupolofen-Betrieb"
von Carl Irresberger †
(11.—16. Tausend)

Mit 63 Abbildungen
und 15 Tabellen im Text

Berlin
Springer-Verlag
1942

Inhaltsverzeichnis.

Alle Rechte, insbesondere das der Übersetzung in fremde Sprachen, vorbehalten.

ISBN-13:978-3-642-89025-3   e-ISBN-13:978-3-642-90881-1

DOI: 10.1007/978-3-642-90881-1

Vorwort.

Der Aufbau der vorliegenden, wesentlich ergänzten 3. Auflage[1] dieses Werkstattbuches soll im Sinne des Verfassers der ersten Auflagen, KARL IRRESBERGER sen. den Anforderungen der Praxis des Schmelzbetriebes mit Gießerei-Schachtöfen dienen. Die Bezeichnung „Kupolofen" ist im neuen Heft vermieden, der Verfasser bezieht sich dabei auf eine Begründung, die er bereits 1918 gelegentlich der Hauptversammlung des Vereins Deutscher Eisengießereien in Wiesbaden gegeben hat. Auch der Fachausschuß für Schmelzöfen im Deutschen Normen-Ausschuß spricht bei Aufstellung der Baunormen nur von Gießerei-Schachtöfen. Die im Laufe der letzten 50 Jahre mehr oder weniger bekannt gewordenen Sonderbauarten der Schachtöfen wurden nicht besonders erwähnt; wie in den ersten Auflagen sind ebenso weitergehende Einzelheiten über die wissenschaftlichen Grundlagen der Verbrennungs- und Schmelzvorgänge nicht aufgenommen, hier muß auf die bekannten Handbücher des Gießereiwesens hingewiesen werden. Dafür ist aber die Bedeutung der Baunormen für die Schachtöfen betont und auch die sorgsame Überwachung der Schmelzanlage und die Nachbehandlung sowie das Vergießen des Eisens unter Berücksichtigung der Werkstoffnormen behandelt[2]. Die zeitgemäßen Hilfsmittel und Meßgeräte für den Schachtofenbetrieb sind berücksichtigt und, wo angebracht, auch Quellennachweise gegeben.

I. Die Entwicklung des Schmelzbetriebes.

1. Entwicklung der Gießtechnik. Die Verwendung von Roherzen im einfachsten Schmelzverfahren, mittels kleiner Flamm- und Schachtöfen, zu Eisen- und Stahlerzeugnissen liegt Jahrtausende zurück. Die alten Kulturvölker wußten bereits Metalle zu gewinnen und zu verarbeiten. Es lohnt sich, hierüber in der Geschichte des Eisens und der Nichteisenmetalle nachzulesen[3]. Aber erst die Entwicklung der Eisentechnik und Kohlegewinnung brachte die Möglichkeit, mit den sogenannten Stücköfen, den späteren Schachtöfen, Eisen- und Stahlbarren oder Bleche für die verschiedensten Verwendungszwecke zu erzeugen.

Als das Schießpulver bekannt wurde, konnten im 14. Jahrhundert auch Geschützrohre gegossen werden, und mit der weiteren Entwicklung des Hochofenbetriebes und der Gebläse-Schachtöfen im 15. Jahrhundert kam auch die Eisengußtechnik zur Geltung.

Als erster Eisengießer wird Ende des 14. Jahrhunderts der Büchsenmeister MERKELN GAST im Rheinland genannt. Geschoßkörper, Ofen- und Kaminplatten

---

[1] 1. Aufl. 1922, 2. Aufl. 1923.

[2] Auf drei vom Verfasser entworfene Merkblätter, die im Beuth-Vertrieb G.m.b.H., Berlin SW 68, erschienen und, auf Karton gedruckt, zum Aushängen bestimmt sind, sei hier hingewiesen: Bl. 1. Richtlinien für die Überwachung der Gießerei-Schachtöfen, 3. Aufl. 1939; Bl. 2. Richtlinien für die Entnahme, Behandlung und für das Vergießen des Eisen, 3. Aufl. 1940; Bl. 3. Richtlinien für das Ausbringen an Gußwaren, Fertigmachen in der Gußputzerei, Überprüfen und Abnahme der Erzeugnisse. 1. Aufl. in Vorbereitung.

[3] JOHANNSEN, Dr. OTTO: Die Geschichte des Eisens. Düsseldorf: Verlag Stahleisen G.m.b.H. 1929.

waren die ersten Gußwaren aus der Eisengießerei im Sandguß. Es folgte der Geschirrguß, und im 18. Jahrhundert konnten in England bereits größere Rohre, Dampfzylinder aus kalt erblasenem Koksroheisen gegossen werden, auch die erste Brücke aus Gußeisen, die heute noch steht, wurde damals gegossen.

2. Tiegel-, Flamm- und Schachtöfen als Umschmelzöfen. Die ersten kleinen Umschmelzöfen mit Hand- und Tretbälgen für Eisensteine wurden, als größere Mengen flüssigen Eisens in Frage kamen, im 14. Jahrhundert durch höhere Schachtöfen und Ausnutzung der Wasserkraft für stärkere Blasebälge ersetzt. Es wurde erkannt, daß im gleichen Schachtofen sowohl schmiedbares Eisen wie Gußeisen erzeugt werden konnte. Über die Entwicklung des Eisengusses aus den kleinen Hochöfen zum Guß zweiter Schmelzung aus umgeschmolzenem Eisen im einfachen Schachtofen ist im Fachschrifttum seit langer Zeit ausführlich berichtet[1]. Aus den Schilderungen geht hervor, daß im 15. Jahrhundert kleine, mit Blasbalg betriebene niedrige Schachtöfen verwendet wurden und daß zuerst Eisenschrott zu Gußwaren umgeschmolzen wurde, doch nach den Berichten aus dem Siegerland über die Herstellung von Ofenplatten usw. im 15. Jahrhundert ist auch von Roheisen die Rede. Im 16. und 17. Jahrhundert machte die Entwicklung im Gießereiwesen gute Fortschritte; in Deutschland, England, Frankreich und anderen Ländern wurden Gießereien gebaut. Auch zogen viele Gießer mit ihrem Gebläse-Schachtofen für Kleinguß aller Art über Land. Im 17. Jahrhundert brachte der kippbar angeordnete Schmelzofen von RÉAUMUR eine weitere Wendung im Ofenbau.

Im 18. Jahrhundert wird über englische „Kupolöfen" berichtet, ein Beweis, daß in England die Eisengießerei in lebhafter Entwicklung war. Der sogenannte „WILKINSON-Ofen", merkwürdigerweise wie die Flammöfen gebaut, galt als „Kupolofen". In kurzer Zeit fand er durch seinen Erbauer auch in Deutschland und Frankreich Eingang. In Malapane wurde 1785 schon mit Koks im Schachtofen geschmolzen.

Wenn auch im 18. Jahrhundert noch kein großes Bedürfnis nach Gußwaren zweiter Schmelzung vorlag, hat sich die Entwicklung des Schmelzbetriebes in den deutschen Gießereien doch bemerkbar machen können. In dieser Zeit waren zwar die Hüttenbetriebe in Malapane, Gleiwitz, Lauchhammer, Torgelow u. a. noch als Hochofengießereien anzusprechen, aber sehr bald wurden neben den Flamm- und Tiegelöfen auch Schachtöfen mit Gebläse zum Umschmelzen in Anwendung gebracht. Mit dem Ausbau der Kapselgebläse (ROOT 1867) und der Anpassung der Luftzuführung an die ständig größer werdenden Schachtöfen konnten dann auch, auf Grundlage der Anregungen von WILKINSON, die Anforderungen des sich lebhaft entwickelnden Maschinenbaues erfüllt werden. An Stelle der Schöpfherde (vgl. Abb. 17), die auch heute noch vereinzelt in Europa angetroffen werden, kam der Ofen mit Vorherd oder Eisensammler mit Erfolg in Anwendung.

3. Der Gießerei-Schachtofen um die Jahrhundertwende. Im 19. Jahrhundert wurde der Hochofen immer weniger für die Herstellung von Gußwaren gebraucht, und nur in einzelnen Hüttenwerken kam noch Eisen erster Schmelzung, zum Teil mit Schachtofeneisen zweiter Schmelzung gemischt, zum Vergießen. Mängel im Roheisen und Schmelzkoks und die Schwierigkeiten in der Führung größerer Schachtöfen bei ungenügender Gebläseluft usw. führten dazu, daß sowohl im Ofen- wie im Gebläsebau allerlei Sonderformen in Erscheinung traten. Die ersten Schachtöfen brauchten noch viel Koks, zeigten starkes Oberfeuer und andere

---

[1] GEIGER, C.: Handbuch der Eisen- und Stahlgießerei Bd. I. Berlin: Springer.

Mängel. Unter den sich entwickelnden Ofenbauarten wurden die von DÜRRE, IRE-LAND, IBRÜGGER u. a. bald bekannt, jedoch von weiteren ·Bauarten im Laufe des Jahrhunderts überholt. Es würde zu weit führen, über alle Schutzrechte, die auf Schachtofenergänzungen in den letzten Jahrzehnten erteilt wurden, zu berichten. Zahlreiche Verfahren für die Herstellung von Sondergußeisen haben die Bauformen der Schachtöfen beeinflußt, wo-bei nicht zuletzt im Zusammengehen von Wissenschaft und Praxis die Schaffung von Werkstoffnormen für Gußeisen in den letz-ten Jahrzehnten in bezug auf Größenord-nung, Koksverbrauch, Luftzufuhr, Schmelz-leistung, Zusammensetzung des erschmol-zenen Eisens und dessen Güteeigenschaften dem Schmelzofenbetrieb eine Grundlage gab. Je nach Art und Menge der zu erzeugenden Gußwaren wird heute die Ofengröße, d. h. Schmelzleistung je Stunde, · festgelegt · und auch· die Entscheidung getroffen, ob der Ofen mit einem Vorherd oder Eisensammler aus-zurüsten ist. Dabei wird auch zu entscheiden sein, ob das ·erschmolzene Eisen noch eine Nachbehandlung im Flamm- oder Elektroofen erfahren muß.

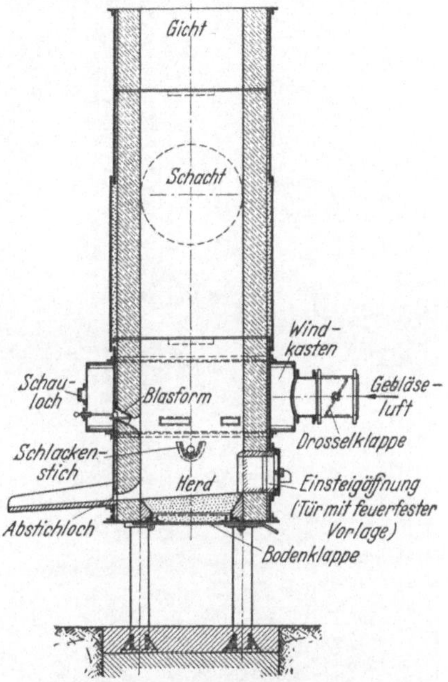

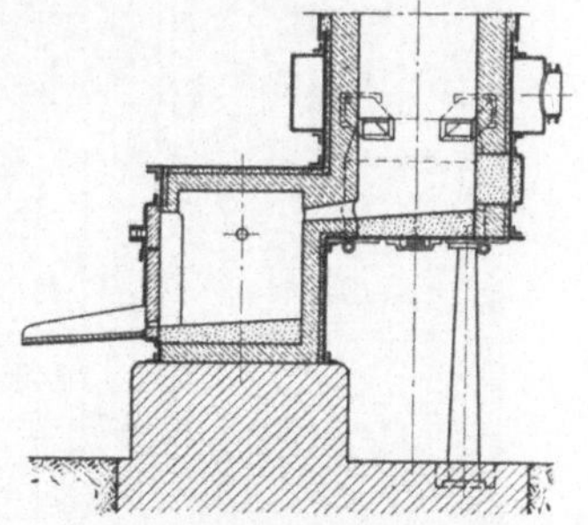

Abb. 1. Gebräuchlicher Gießerei-Schachtofen (Durlach).

4. Die heute üblichen Gießerei-Schmelz-öfen. Der im Laufe des 19. Jahrhunderts mit der Entwicklung des Maschinenbaues in Deutschland einsetzende größere Bedarf an Gußwaren aller Art führte dazu, daß auch die ·Gießerei-Schmelzöfen eine schnelle Ent-wicklung durchmachten. Sehr bald trat an die Stelle von Holzkohle als Brennstoff der Hütten- oder Schmelzkoks, und mit dem Ausbau der Gebläse konnten sehr bald auch allerlei Schwierigkeiten bei der Erzeugung der notwendigen Temperaturen in der Schmelze überwunden werden. Abb. 1 zeigt den neuzeitlichen Schachtofen ohne Vorherd.

Anstatt der Sammelbecken unter den Öfen kam bald die Sammelpfanne am Ofen in Gebrauch, und 1873 baute SWAIN in Nordham den ersten Vorherd am Schachtofen. KRIGAR, Hannover, hat diesem Vorherd die heute noch bekannte Sonderbauart (Abb. 2) gegeben.

Wenn nun auch mit Rücksicht auf die Sonder-arten der Gußwaren, wie z. B. Hartguß, Temper-guß usw., dem Schachtofen in den Flammöfen und Tiegelöfen ernste Wettbewerber entstanden, hat sich doch infolge der sprunghaften Entwicklung im Groß-maschinenbau der Schachtofen mit seiner leichten Anpassungsfähigkeit auf Menge und Güte des er-

Abb. 2. Gießerei-Schachtofen mit Vorherd (GUTMANN).

schmolzenen Eisens den ersten Platz im Gießereibetrieb sichern können. Es wurden zwar mit Rücksicht auf Werkstoffgüte und Größe der Gußstücke und auf Grund der Betriebserfahrungen im Laufe der Jahre hin und wieder Sonderbauarten ver-wendet, aber der einfache Schachtofen, mit oder ohne angebauten Vorherd oder

Abb. 3. Abstich eines Heißschmelzofens (MEHRTENS).

fahrbare Sammelpfanne, blieb doch in allen Industrieländern die wirtschaftlichste Schmelzanlage für den Gießereibetrieb.

Die für hochwertiges Gußeisen notwendigen hohen Temperaturen in der Schmelze können, wie die Abb. 3 zeigt, auch im Schachtofen ohne weiteres bei richtiger Luftmengenbemessung und bestem Schmelzkoks erreicht werden; wenn aber besondere Ansprüche an die Werkstoffgüte gestellt werden müssen, dient der elektrische Lichtbogenofen (Abb. 4) dem Schachtofen bereits in vielen Gießereien als Wettbewerber oder Helfer. Dieser Ofen zeigt insbesondere in der Zusammensetzung und im Überhitzungsgrad des Eisens eine große Treffsicherheit, die im Schachtofen nicht immer erlangt werden kann; infolgedessen wird der Elektroofen häufig im Doppelschmelzverfahren angewendet. Bei der Prüfung der Wirtschaftlichkeit sind in vielen Fällen die Anschaffungskosten der Anlage

Abb. 4. Elektroofen für Verfeinerungsverfahren (S & H).

weniger bedeutsam als die Schmelzkosten und der Einsatz, und der Strompreis entscheidet die Wirtschaftlichkeit der Anlage[1].

Im Februar 1941 hat der Verein Deutscher Gießereifachleute beschlossen, einen Sonderausschuß für den Elektroofenbetrieb einzusetzen.

Seit Schaffung der Werkstoffnormen erstrebt der Eisengießer bestimmte DIN-Werkstoffgüten, und wenn eine Großgießerei im Dauerbetrieb sehr heiß erschmolzenes, legiertes Sondergußeisen in größeren Mengen herzustellen hat, wird in der Regel der Lichtbogenofen den verdienten Platz in der Eisengießerei haben, zumal wenn im Einsatz billigere Schmelzstoffe Verwendung finden und die Treffsicherheit in der Zusammensetzung des Elektrogußeisens wesentlich größer, der Anteil an Fehlguß aber geringer ist. Deshalb dürften unter den obigen Voraussetzungen der weiteren Einführung der Elektroschmelzöfen in der Eisengießerei als zusätzliche Schmelzeinrichtung weniger Schwierigkeiten im Wege stehen[2 u. 3].

II. Die Schachtofen-Anlage.

A. Aufbau des Gießerei-Schachtofens.

5. Anlage des Schmelzhauses mit Gichtbühne und Gebläseraum. Die allgemeine Anordnung der Schmelzanlage richtet sich in der Regel nach der Art der Erzeugnisse und täglichen Mengenleistung des Betriebes, dann auch nach der Beschaffenheit und Lage des Geländes sowie der Möglichkeit, einen Bahnanschluß auszunutzen u. dgl. Sind diese Grundfragen geklärt, dann kann man über Einzelheiten der Ofengröße, Art der Begichtung, Wahl des Gebläses usw. die richtigen Entscheidungen treffen.

Für Kleinbetriebe, in denen nicht jeden Tag gegossen wird und jeweils nur geringe Schmelzleistungen in Frage kommen, genügt in der Regel ein Ofen in den kleinsten Abmessungen ohne Eisensammler. Das Gebläse steht in unmittelbarer Nähe des Ofens. Eine Gichtbühne (Abb. 5) ist in der Regel unentbehrlich, denn sie dient, abgesehen von der Wartung des Ofens, auch als Lagerraum für Schmelzstoffe usw. Zum Beschicken genügt ein Elektrozug einfachster Bauart mit etwa 300···500 kg Tragfähigkeit. Ein T-Träger von der Gichtbühne zum Hof bringt die Verbindung mit dem Eisenlager und dem Koksschuppen.

Abb. 5. Einfache Gichtbühne mit Untergurtlaufkatze und Elektrozug (Demag).

---

[1] Z. Gießerei 1940 Heft 3.

[2] Bezüglich der Wirtschaftlichkeit des Elektroofenbetriebes ist allerdings der Strompreis nicht immer ausschlaggebend, denn es darf nicht übersehen werden, daß für den dünnwandigen, hochwertigen Elektrograuguß auch höhere Verkaufspreise erlangt werden können.

[3] Dr.-Ing. H. BEISSNER, Berlin, berichtete im VDG., Leipzig am 17. 1. 1942, daß auch der Hoch- und Nieder-Frequenzofen günstige Ausblicke auf die wirtschaftliche Anwendung der Elektroschmelzen für Gußeisen gibt.

Für größere Schmelzbetriebe werden in der Regel zwei Öfen aufgestellt, so daß diese abwechselnd von Tag zu Tag in Betrieb genommen werden können und eine sorgsame Ofenbehandlung gesichert ist. Hier verwendet man zur Ofenbeschickung einen Sonderaufzug für größere Lasten. Es wird auch ein besonderer Ausbau für den Gebläseraum geschaffen, in welchem häufig neben anderen Maschinen auch ein Kompressor Aufstellung findet.

6. Ofenmantel, Luft- oder Windkasten, Düsen, Rohrleitung. Über Form und Abmessungen der Schachtquerschnitte, Dicke der Mantelbleche, Ausmauerung mit Formsteinen oder Stampfmasse sind bereits Richtlinien in den Baunormen (Abschn. II C) festgelegt. Die Kreisform ist beibehalten, denn diese hat vor allem den Vorteil des gleichmäßigen Niedergehens der Schmelzsäule und der gleichmäßigen Verteilung der zugeführten Luft und der aufsteigenden Gasmengen.

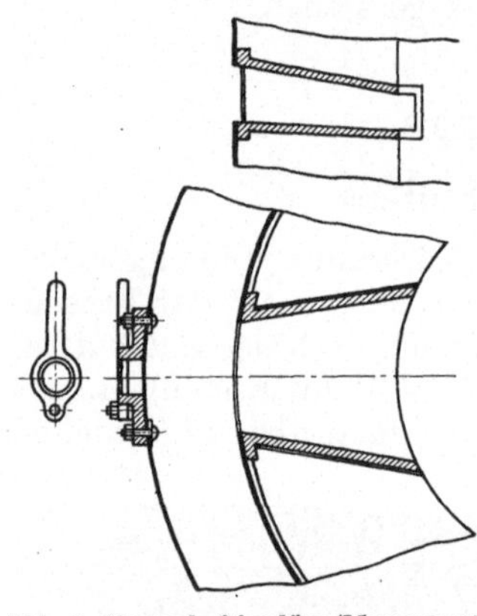

Aufgabe der Düsen ist es, die Gebläseluft möglichst gleichmäßig über den ganzen Schachtquerschnitt in der Düsenzone zu verteilen. Hierbei hat sich eine Anordnung des Ringschlitzes als Düse um den ganzen Schacht nicht bewährt, am zuverlässigsten erfüllt vielmehr die liegende Rechteckform der Düse mit einer Fassung aus Gußeisen, deren Austrittsöffnung ins Ofeninnere zweckmäßig vergrößert wird, die Aufgabe (Abb. 6). Der Gesamtquerschnitt der Düsen hat meist das doppelte Maß der Gebläseaustrittsöffnung. Zu kleine Düsen behindern die Luftzufuhr, besonders wenn sie etwas verschlackt sind, während anderseits zu große Düsen infolge der geringeren Luftgeschwindigkeit wieder leichter verschlacken können. Am besten ist es deshalb, die

Abb. 6. Normale Ofendüse (MEHRTENS).

Düsenquerschnitte in ein festes Verhältnis zu den eingeführten Luftmengen zu bringen. Dabei darf nicht vergessen werden, daß eine enge Düse immer den Gebläsemotor belastet und bei Schleudergebläsen die Luftzufuhr mindert.

Auf die zahlreichen Sonderbauformen der Ofendüsen soll hier nicht eingegangen werden, wenn auch gern zugegeben wird, daß manche Neuerung auf

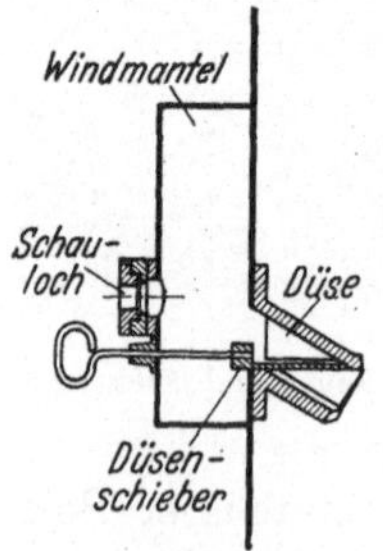

Abb. 7. Düsenschieber und Schauloch dazu (GUTMANN).

diesem Gebiet in vielen Gießereien Auswertung fand. Die Düse mit liegender Rechteckform und einfachem Schieber (Abb. 7) wird seit vielen Jahren von führenden Firmen im Ofenbau mit bestem Erfolg angewendet.

Bezüglich der Höhenlage der Düsen ist zu unterscheiden, ob die Öfen mit oder ohne Vorherd ausgerüstet sind; bei den ersteren liegen die Düsen etwa 400···600 mm über Herdböden bis Unterkante Düse, bei den letzteren jedoch höher, etwa 600 bis 800 mm. Entsprechend der Füllkoksmenge ändert sich von Fall zu Fall die Höhe der Düsenlage. Bei Öfen über 1000 bis 1500 mm l. W. dringt die durch die Düsen zugeführte Luft nicht bis zur Mitte des Schachtes, es gelingt auch nicht, diesem Mangel durch Änderung der Düsenform oder -querschnitte abzuhelfen. Auch eine andere Anordnung der Düsen, um dem Luftstrom eine bestimmte Richtung zu geben, ist zwecklos, denn er stößt nach seinem Eintritt in den Schacht auf den Füllkoks, der ihn nach allen Seiten verteilt. Nur eine Neigung der Düsen nach abwärts ist von einigem Vorteil, doch ist es falsch, etwa den Düsenquerschnitt im Ofen zu verengen, um damit vielleicht die Luftgeschwindigkeit zu erhöhen.

Bei größten Öfen über 1500 bis 2000 mm l. W. ergibt die mangelhafte Luftzuführung besonders mattes Eisen und erhöht damit den Anteil an Fehlguß ganz wesentlich. Verfasser erinnert sich an eine abnorm große Schachtofenanlage mit zwei Öfen in USA., die nach kurzer Zeit infolge des Versagens wieder beseitigt wurde. Die Ofengröße ist also nach oben begrenzt.

Eine doppelte Düsenreihe, wenn die Reihen 300 bis 400 mm voneinander entfernt sind, beschleunigt etwas die Schmelzung, sie bringt aber keine Koksersparnis (vgl. Abschn. 28, S. 35). Die Luft wird durch den Verteilerkasten (Windkasten) am Ofenmantel mittels Rohrleitung vom Gebläse zugeführt. Nach Möglichkeit sind Krümmungen in der Luftleitung zu vermeiden. Die Aufstellung der Gebläse über Flur ist also richtig anzupassen; niemals sind die Rohre unter Flur anzuordnen; die Bewachung ist stets zu sichern.

Versorgt ein Gebläse mehrere Öfen, dann ist auf richtige Anschlüsse der Luftleitung besonders zu achten; Luftverluste werden durch Schieber oder

Abb. 8. Sicherheitsventil (Ardeltwerke).

Drosselklappen vermieden. Es empfiehlt sich außerdem, in der Luftleitung nahe am Ofen Absperrschieber anzuordnen und bei Stillstand der Gebläse geschlossen zu halten, damit keine Verbrennungsgase in die Rohrleitung dringen und Explosionen hervorrufen. Bei Stillstand der Gebläse sind die Putzlöcher der Düsen stets zu öffnen, zu empfehlen sind Sicherheitsventile (z. B. Abb. 8 und 9), die das Eindringen von Kohlenoxyd in den Luftkasten verhindern.

7. Ofenfutter, Herdsohle und Bodenklappe. Die Dicke der Ausmauerung oder Stampfmasse im Mantel beträgt nach den Ofenbaunormen etwa 200 bis 300 mm, je nach Ofengröße. Im Futter aus Mauerwerk muß der Mörtel dieselbe Widerstandsfähigkeit gegen Hitzewirkungen und Angriff von Gasen und Schlacken haben wie die Steine, weil sonst die Fugen leicht ausbrennen und so vergrößerte Angriffsflächen bieten. Das Ofenfutter wird während des Schmelzbetriebes in den einzelnen Schachtzonen sehr verschieden beansprucht. Im Herd und in der Schmelzzone haben sich Quarzschamottesteine

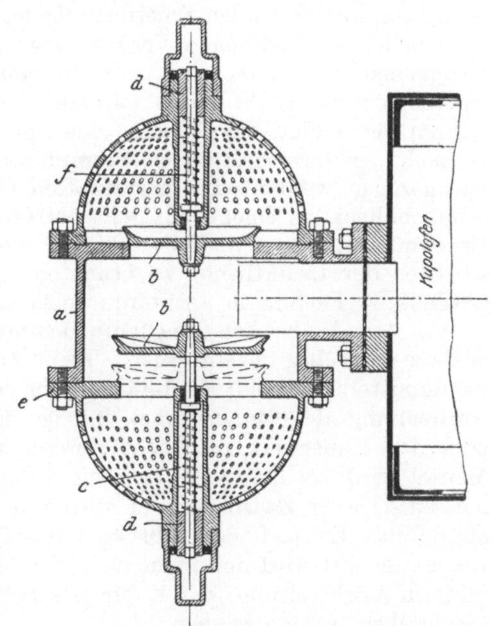

Abb. 9. Sicherheitsventil, Schnitt zu Abb. 8.
a Gehäuse; b Ventilteller; c und f Ventilfedern; d Einstellschrauben; e Flansch.

gut bewährt, im obersten Teil des Schachtes leisten Formlinge aus Gußeisen gute Dienste[1] und für den Schacht oberhalb der Gichtöffnung, also im soge-

---

[1] Mit Rücksicht auf die starke Beanspruchung des Futters bei der Beschickung des Ofens darf der Gußeisenring an der Gichtöffnung nicht fehlen.

nannten Schornstein, der den Abgasen ausgesetzt ist, genügen feuerfeste Steine zweiter Güte.

Unterhalb der Düsen, bis zum Ofenherd auf der Bodenplatte, steht das Futter nicht unter dem Einfluß des Schmelzvorganges, aber es ist dem flüssigen Eisen und der flüssigen Schlacke ausgesetzt. Die Beanspruchung des Futters ist hier aber nicht so stark, es kann ihr jeder feuerfeste Baustoff standhalten. Jedoch ist die mechanische Einwirkung auf das Futter und der Druck der Begichtungssäule zu beachten, aber trotzdem kann das Futter im Ofenherd, wenn richtig ausgeführt, lange halten.

Im Bereich der Düsen, in der Verbrennungs- und Schmelzzone, wird das Futter wesentlich stärker beansprucht. Die Temperaturen steigen hier oft bis 1800° C, und unter der Einwirkung der Verbrennungsgase und der Schlacke wird in einem flottschmelzenden Ofen der Querschnitt in der Schmelzzone schon nach wenigen Schmelzen bedeutend vergrößert.

In der Vorwärmzone, d. h. über der Schmelzzone bis zum Einwurf an der Gichtbühne, hat die mechanische Beanspruchung des Ofenfutters größere Bedeutung. Die Roheisen- und Gußbruchstücke zerstören beim Einwurf die Ausmauerung in kurzer Zeit, so daß hier ringförmige gußeiserne Einsätze im Ofenfutter bessere Dienste leisten. Die Zusammensetzung der feuerfesten Baustoffe, ihre Normung und Prüfung wird im Abschn. 21 behandelt.

Die Auskleidung des Schachtes wird durch Ausstampfen mit feuerfester Masse oder durch Aufbau eines Mauerwerkes ausgeführt. Bei der Aufbereitung der Stampfmasse finden feuerfeste Tone, Schamotte und scharfer Quarzsand in verschiedenen Mischungen Verwendung. Die Masse darf nur mit so viel Wasser fertiggemacht werden, daß sie eben bildsam wird, bei größerem Wassergehalt entstehen sonst leicht Risse während des Trocknens. Zur Formgebung werden Lehren verwendet, die sich um eine Spindel drehen, ferner Modelltrommeln, die je nach der fortschreitenden Stampfarbeit freihändig oder mittels eines Seiles hochgezogen werden. Die gestampften Ofenfutter sind wohl in der Herstellung etwas billiger als solche aus Schamottesteinen, aber sie sind oft weniger haltbar. Es empfiehlt sich jedenfalls, bei der Verwendung der Stampfmassen die Vorschriften der Lieferfirmen zu beachten und die Stampfarbeit selbst durch einen geschickten Fachmann ausführen zu lassen.

Vor dem Ausbessern des Ofenfutters nicht vergessen, alle Eisen- und Schlackenansätze sorgfältig zu entfernen! Beim Futter aus Mauerwerk werden die Steine nie unmittelbar an den Mantel des Ofens gelegt, weil sonst bei der unausbleiblichen Ausdehnung des Mauerwerkes infolge der Schmelzhitze der Mantel gesprengt oder das Mauerwerk zerdrückt werden kann. Der Raum zwischen Mauer und Mantel wird bei kleinen Öfen etwa 20 mm und bei größeren bis zu 50 mm bemessen. Dieser Zwischenraum wird mit Mauersand, Asche oder Schlackensand ausgefüllt. Es darf jedenfalls kein Stoff genommen werden wie Formsand und Lehm, der fest wird und nicht nachgibt. Bezüglich der Keilsteine ist ein Normenblatt in Vorbereitung, damit für alle Schamottesteinfabriken Abmessungen vorgeschrieben werden können.

Zur Stützung des Mauerwerkes werden im Ofenmantel Winkelstützen angebracht und mit Nieten oder Schrauben befestigt. Auf diesen Stützen liegen in der Regel geteilte gußeiserne Ringe, deren Breite so zu bemessen ist, daß kein Abschmelzen beim Verschleiß des Ofenfutters eintreten kann.

Der Mantel des Ofenschachtes steht auf einer Bodenplatte, die auf Tragsäulen befestigt ist und von einem Fundament getragen wird. Bei Öfen mit angebautem Vorherd ist häufig eine Tragwand aus Gußeisen angeordnet, so daß nur zwei runde Tragsäulen benötigt werden. Die Bodenklappe schließt den kreisförmigen Ausschnitt in der Bodenplatte (Abb. 10). Das Traggerüst wird belastet durch das Gewicht des Schachtes mit Zubehör und die Gewichte der Beschickungssäule und der im Ofenherd angesammelten Eisen- und Schlackenmenge. Die Bodenplatte wird aus Stahlblech oder Gußeisen hergestellt, wobei beachtet werden muß, daß eine Platte aus Gußeisen durch die hohe Beanspruchung leicht zerstört wird. Die Bodenklappe kann aus Stahlblech oder Gußeisen, geteilt oder im ganzen, angefertigt werden; dabei ist besonders auf einen zuverlässigen Keilverschluß zum leichten Öffnen der Bodenklappe zu achten. Mit besonderer Sorgfalt ist der Raum unter der Bodenplatte rückwärts und nach den Seiten hin leicht zugänglich einzurichten, damit bei der Entleerung des Ofens, nach Beendigung der Schmelze, die Schmelzrückstände leicht gelöscht und fortgeschafft werden können.

Bei der Herrichtung der Herdsohle kann bei den kleineren Öfen die Bodenklappe meist von Hand geschlossen werden, bei den größeren Öfen kommt zweckmäßig eine Stütze in Frage, die die Bodenklappe hochdrückt. Beim Öffnen der Klappe wird die Stütze weggezogen, so daß die Klappe mit den Schmelzresten leicht herunterfallen kann. Beim Verschluß der Bodenklappe wird von innen eine Schicht Sand eingestampft, und zwar in der

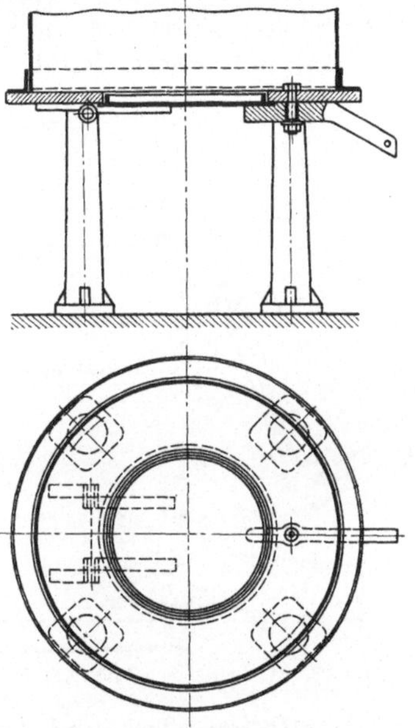

Abb. 10. Anordnung der Bodenklappe (MEHRTENS).

Mischung von altem und neuem Formsand, damit die Mischung nicht zu fett wird und beim Öffnen der Bodenklappe leicht abfällt. Diese Sandmischung soll also keinen Lehm- oder Tonzusatz erhalten. Es ist auch darauf zu achten, daß der Stampfmischung nicht zu viel Wasser zugesetzt wird, weil sonst beim Anwärmen der Oberfläche die tieferliegenden Schichten nicht genügend getrocknet werden und ein Aufschlagen des Herdes vorkommen kann. Der Boden soll möglichst eine gleichförmige Ebene mit etwas Gefälle bilden; bei der Herdsohle kann mit einer Stärke von 100 bis 150 mm gerechnet werden. Der Neigungswinkel des Bodens soll nicht zu stark sein, damit das erste matte Eisen nicht vorzeitig das Abstichloch deckt.

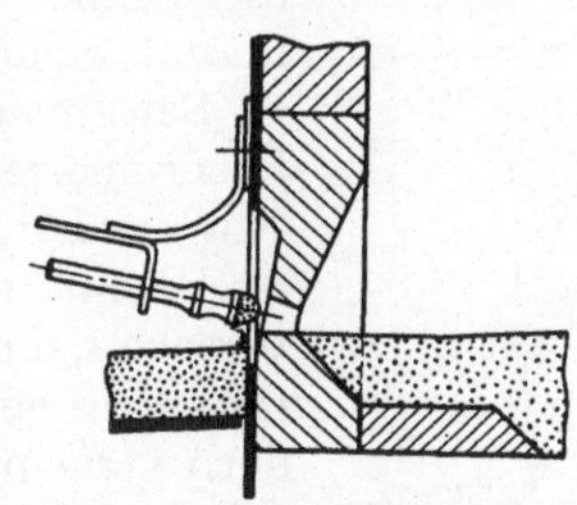

Abb. 11. Anordnung des Abstichsteines (IRRESBERGER).

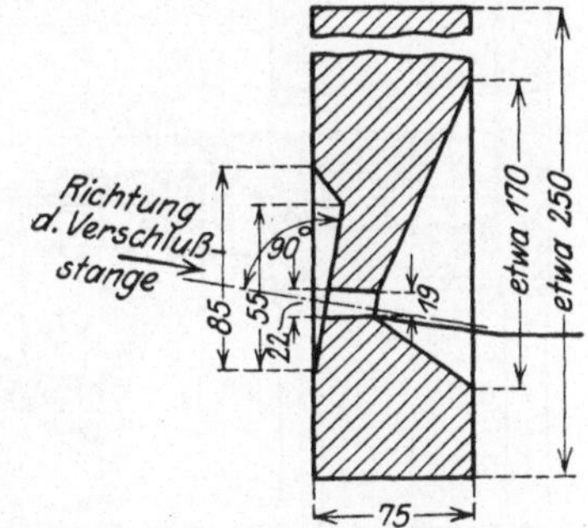

Abb. 12. Abmessungen des Abstichsteines (IRRESBERGER).

8. Abstich, Schlackenlauf und Ofentür. Bei neuzeitlichen Schachtöfen wird die Abstichöffnung meist in einer aufklappbaren Verschlußtür angebracht. An dieser Tür sind auch die Halteschienen für die Abstichrinne aus Eisenblech angeordnet, so daß die Abstichrinne erst nach Anwärmen des Ofens eingehängt zu werden braucht. Für den Abstich selbst werden zweckmäßig Abstichsteine aus Schamotte und Graphit (Abb. 11 u. 12) verwendet, die in bezug auf Haltbarkeit zuverlässiger sind als das aufgestampfte Abstichloch aus Ton und Lehm. Für Öfen mit ständigem Eisenablauf ist die Instandhaltung des Abstiches wesentlich einfacher als bei häufigem Öffnen und Schließen, so daß im letzteren Falle die Einsatzbüchsen die besseren Dienste leisten.

In vielen Betrieben haben sich mechanische Abstichvorrichtungen (Abb. 13) mit bestem Erfolg eingeführt. Die Anordnung ist an jedem Ofen, mit und ohne Vorherd, leicht anzubringen und gewährt große Betriebssicherheit bei geringstem Kraftaufwand seitens der Bedienung. Sie ist auch von ungeschulten Leuten zu bedienen und erspart Absticheisen und Stopfenstangen. Wie die Abbildung erkennen läßt, ist lediglich eine Betätigung des Handgriffes a erforderlich, um den Abstich zu öffnen oder zu schließen.

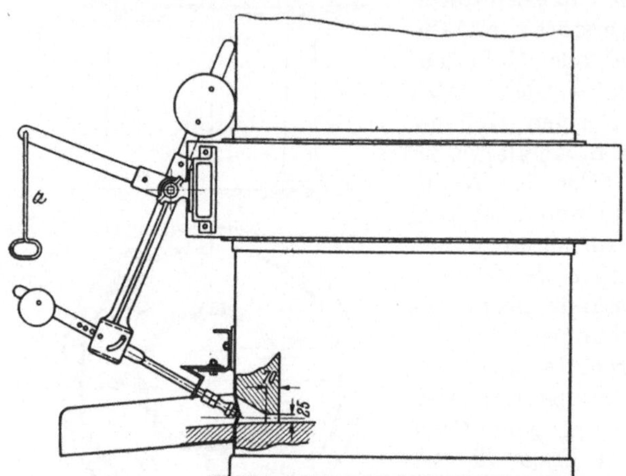

Abb. 13. Mechanische Abstichvorrichtung (Bauart FELDHOFF).

Die Abstichrinne, in der Ofentür fest eingehängt, muß ebenfalls sorgsam ausgeschmiert werden. Als Masse genügt hierfür eine Mischung von feuerfestem Ton und Quarzsand. Vor jeder Schmelzung muß die Rinne wieder neu ausgestampft werden, sie kann aber, richtig behandelt, auch wiederholt benutzt werden. Es empfiehlt sich, den Neigungswinkel der Rinne dem der Herdsohle anzupassen, damit ein möglichst gleichmäßiger Eisenfall gesichert ist. Bildet sich in der Rinne ein Schlackenansatz, so ist dieser stets rechtzeitig zu beseitigen und die Fehlstelle im Rinnenfutter auszubessern. Es soll nach Möglichkeit dafür gesorgt werden, daß keine Schlacke durch das Abstichloch in die Rinne und damit in die Gießpfanne gelangt.

Seit Anwendung der Gußeisen-Verfeinerungsverfahren nach DRP. WALTER werden die Abstichrinnen häufig auch mit einem Schlackenüberlauf versehen; die Schlacke läuft also nicht räumlich getrennt vom Eisen, sondern gemeinsam mit diesem aus dem Ofen, wird aus der Rinne seitlich abgelassen und fällt in einen Schlackenwagen, der unter der Abstichrinne steht.

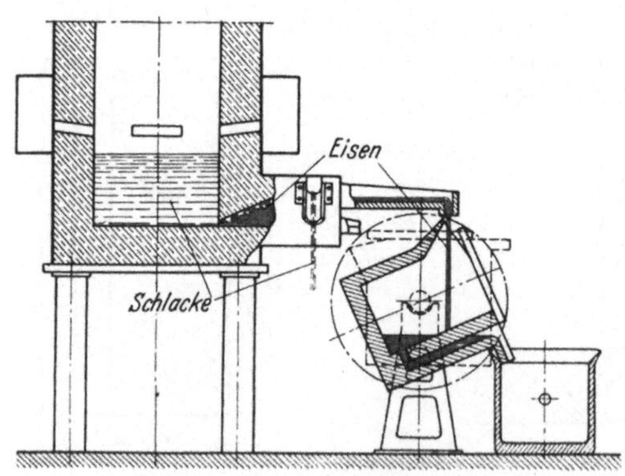

Abb. 14. Verfahren „Freier Grunder Eisenwerk, Neunkirchen" (Entschlackung und Entschwefelung) DRP.

Die Eisensammelpfanne vor dem Ofen hat einen Gießkanal und ist kippbar angeordnet, es kann also keine Schlacke in die Gießpfannen gelangen. Die Gießrinnenanordnung nach Bauart „Freier Grunder Eisenwerk" (Abb. 14) ist auch von dem Mathieson Alkali-Werk, New York, die das Walter-Verfahren für USA. übernommen hat, in ähnlicher Weise in vielen amerikanischen Gießereien eingeführt.

Für den Ablauf der Schlacke vom Ofen dient ein besonderes **Schlacken-abstichloch**, das in der Regel in einem feuerfesten Stein vorgesehen wird. Da die Schlacke schneller erstarrt als das flüssige Eisen, wird die Abstichöffnung kürzer ausgeführt als die des Eisenabstiches. Arbeitet der Betrieb mit ständigem Eisenablauf, so kann auch die Schlacke ununterbrochen entnommen werden. In diesem Falle wird das Verschlußstück aus Lehm oder Formsand gefertigt, das leicht durchgestoßen werden kann, wenn genügend Schlacke gesammelt ist. Das Abstechen erfolgt mit einem spitzen Eisen, so daß die Öffnung nach Bedarf erweitert werden kann.

Die Anordnung des Schlackenabstichloches ist von der Betriebsart und den Raumverhältnissen des Ofens abhängig. Bei Öfen ohne Vorherd mit ständigem Eisenlauf kann der Schlackenabstich 100 bis 200 mm höher liegen als das Eisenabstichloch und auch ständig offen bleiben.

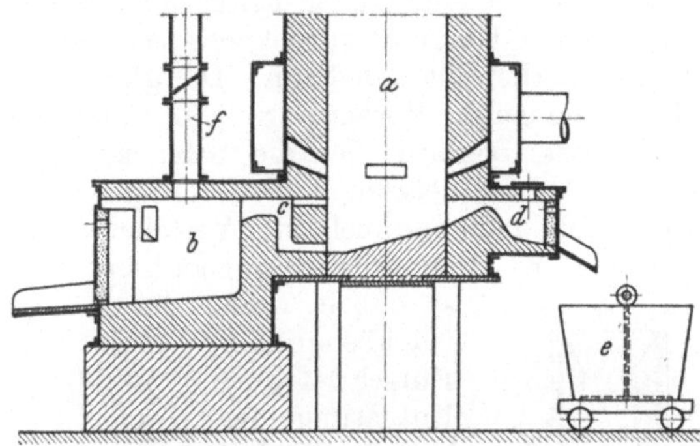

Abb. 15. Schachtofen mit Vorherd für räumlich getrennten Eisen- und Schlackenablauf (Bauart Dr. Schumacher & Co.). *a* Schacht; *b* Vorherd; *c* Überlauf für Eisen; *d* Überlauf für Schlacke; *e* Schlackenwagen; *f* Schornstein.

Bei richtig bemessener Öffnung regelt sich der Schlackenlauf von selbst, es treten nur selten Luftverluste ein. Wird aber Eisen im Herd angesammelt, ist ein zweites, etwas höher angelegtes Schlackenloch vorzusehen. Es läßt sich jedoch selten vermeiden, daß beim Schlackenablauf Schlacken und Luft gemeinsam austreten und den Schmelzgang stören. Deshalb ist es richtiger, mit Vorherd zu arbeiten, denn in diesem kann stets eine größere Schlackenmenge gesammelt und ohne Behinderung des Schmelzverlaufes in einen Schlackenbehälter abgelassen werden (Abschn. 15).

Im Zusammenhang mit dem Entschwefelungsverfahren[1] für das erschmolzene Eisen wird seit vielen Jahren eine selbsttätige Schlackenabscheidung angewendet, die in verschiedenen Bauarten in zahlreichen Gießereien Eingang gefunden hat (Abb. 15). Eine Abart dieses Verfahrens an Öfen ohne angebauten Vorherd ist die Verwendung der geschlossenen Kippherde oder Eisensammler, Abb. 16 (vgl. Abb. 60, S. 61), die ebenfalls mit Schlackenabscheider und Eisenüberlauf arbeiten. Bei diesen Anordnungen, wie

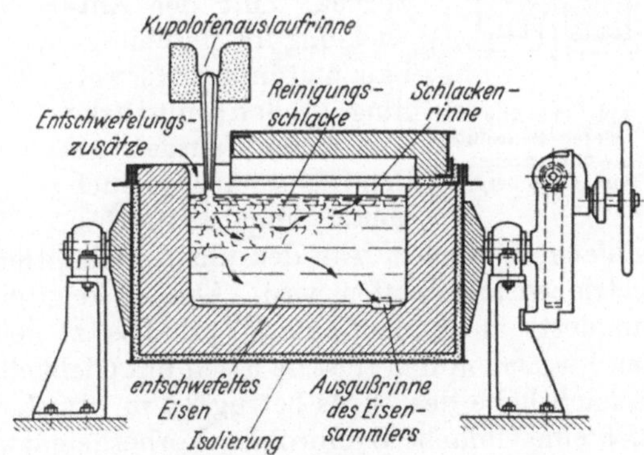

Abb. 16. Kippbarer Eisensammler zum Entschlacken (Bauart Whiting, USA.).

auch bei ähnlichen Neuerungen im Schmelzbetrieb, werden allerdings an die Aufmerksamkeit des Abstechers und dessen Ersatzmannes größere Ansprüche gestellt, eine gewisse Schulung der Ofenmannschaft ist deshalb unbedingt notwendig. Daß die Vorteile der rechtzeitigen Schlackenbeseitigung voll erkannt sind, zeigt auch

---

[1] MEHRTENS, JOH., VDI: Entschwefelungsverfahren usw. Stahl und Eisen 1925 Heft 13.

die Einführung der Verteiler- und Gießpfannen mit eingebautem Gießkanal als Schlackenabscheider (Abschn. 14). Die kleine Mehrarbeit für die Instandhaltung der Pfannen wird dabei gern in den Kauf genommen.

Bei Schachtöfen mit Vorherd oder Eisensammler läuft Eisen und Schlacke in den Vorherd, so daß aus diesem Eisen und Schlacke getrennt abgelassen werden. Soll jedoch im Vorherd eine Nachbehandlung des Eisens stattfinden, insbesondere eine Entschwefelung oder Entgasung, dann muß die Ofenschlacke im Schacht durch einen Überlauf zurückgehalten werden, so daß nur schlackenfreies Eisen in den Vorherd laufen kann. Die gleiche Anordnung kann aber auch bei Öfen ohne angebauten Vorherd erfolgen, indem die vordere Tür mit der Abstichrinne einen Eisenüberlauf, der die Schlacke zurückhält, bekommt. Für diese Öfen werden in den letzten Jahren mit gutem Erfolg auch Sammel- oder Verteilerpfannen am Ofen fahrbar angeordnet, so daß in diesen durch Nachbehandlung eine Entschwefelung und Entgasung des Eisens herbeigeführt wird. Über die Eigenart dieser Entschlackungsvorrichtungen wird im Abschn. 40 ausführlicher berichtet.

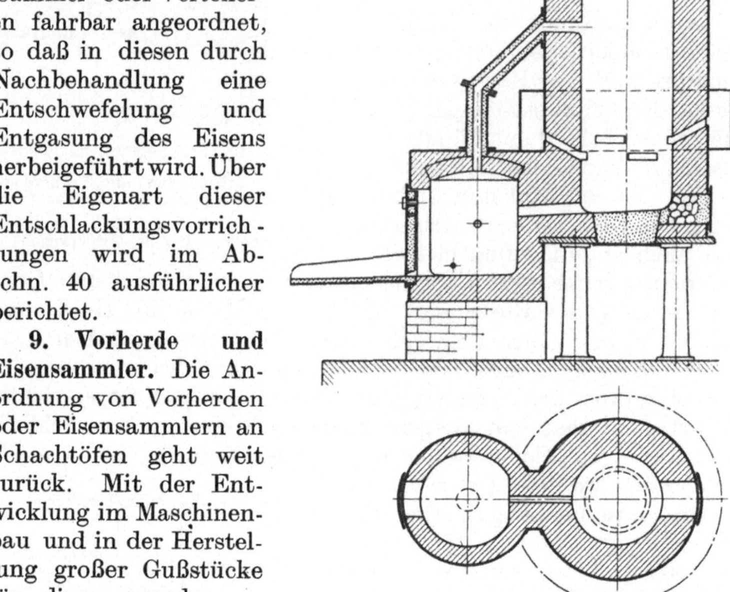

Abb. 18. Vorherdofen für Heißschmelzung.

9. Vorherde und Eisensammler. Die Anordnung von Vorherden oder Eisensammlern an Schachtöfen geht weit zurück. Mit der Entwicklung im Maschinenbau und in der Herstellung großer Gußstücke für diesen wurden an den Ofenschächten auch Herde angebaut. Die

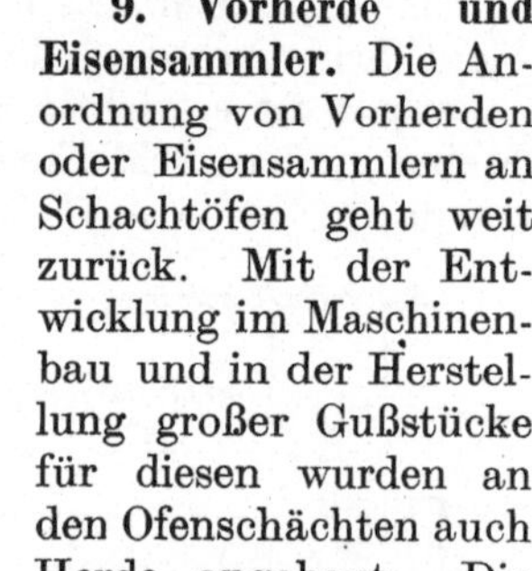

Abb. 17. Alter Gießerei - Schachtofen mit angebautem Schöpfherd.

einfachste Bauart war der kleine Schöpfherd[1], der auch heute noch in Kleinbetrieben angetroffen wird. Abb. 17 zeigt einen Ofen, der zu Beginn dieses Jahrhunderts in Zehdenik stand. Er besitzt kein Abstichloch, sondern einen Schöpfherd, aus dem das flüssige Eisen mit Gießkellen herausgeschöpft wurde. Die lichte Schachthöhe des Ofens betrug 2,4 m. Im Laufe der Zeit, seit etwa 70 Jahren, hat sich eine einfache Bauform für Vorherde entwickelt, um die sich besonders KRIGAR, Hannover, verdient machte. Die Vorteile dieser Anordnung sind: Sammlung größerer Eisenmengen im geschützten Raum, Vermeidung von Temperaturverlusten, keine Aufkohlung des Eisens im Vorherd, bessere Mischung des Eisens. Diese Vorteile kommen besonders bei der Herstellung von hochwertigem Gußeisen nach den deutschen Werkstoffnormen zur Geltung.

Wenn man, abgesehen von den meist unwesentlichen höheren Baukosten der Vorherdöfen, von ihren Nachteilen sprechen will, dann vielleicht in bezug auf

---

[1] LOHSE, U.: Jb. VDI 1910 S. 94.

eine Abkühlung des flüssigen Eisens auf dem Wege vom Schacht zum Vorherd und für kleine Abstiche oder, wenn es nicht gelingt, verschiedene nach Vorschriften zusammengesetzte Schmelzen beim Abstich auseinanderzuhalten und richtig zu vergießen. Hier heißt es eben, gut aufpassen und die Richtlinien für den Schmelzbetrieb und für die Eisenverteilung zu beachten. Die genannten kleinen Nachteile haben es vielleicht bewirkt, daß z. B. in USA. die Vorherdöfen wenig in Anwendung gekommen sind. Verfasser hat diese Öfen in amerikanischen Gießereien selten angetroffen, konnte aber immer wieder darauf hinweisen, daß besonders seit dem Weltkriege die Vorherd-Schachtöfen wesentliche Verbesserungen gebracht haben, die auch eine Steigerung der Eisentemperatur im Vorherd ermöglichten und nicht zuletzt der Entschwefelung und Entgasung des flüssigen Eisens zugute kamen.

Die Abb. 18 zeigt einen Schachtofen, dessen Vorherd zur Erlangung höherer Temperaturen im Eisen durch ein Umlaufrohr mit dem Ofenschacht verbunden ist, so daß im Verbindungskanal, zwischen Vorherd und Ofenschacht, eine Ausnutzung der Verbrennungsgase zur weiteren Erhitzung und auch Frischung des Eisens möglich wird (s. Abschn. 25). Die Anordnung ist zwar geschützt, aber das Umlaufrohr bereits seit dem Jahre 1900 aus Fachzeitschriften bekannt.

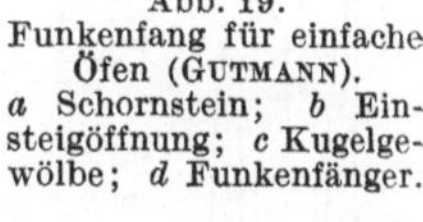

Abb. 19.
Funkenfang für einfache Öfen (GUTMANN).
a Schornstein; b Einsteigöffnung; c Kugelgewölbe; d Funkenfänger.

10. Schornstein, Abzugschacht und Funkenfang. Die Anordnungen für die Abführung der Gichtgase und für die Beseitigung des Gichtstaubes und des Funkenauswurfes, wie auch die Vermeidung starker Gichtflammen müssen bei jeder Schmelzanlage besondere Beachtung finden. Dies gilt vor allem bei Schmelzöfen, die in unmittelbarer Nähe von Wohngebäuden aufgestellt sind oder wenn sonst auf die Umgebung der Gießereianlage Rücksicht zu nehmen ist.

Das Gichtgas enthält den Gichtstaub, der sich aus den Verbrennungsrückständen, Eisenoxyd, Koks- und Kalksteinteilchen zusammensetzt. Bei starkem Blasen fliegen auch größere Koksstückchen aus dem Schornstein, die den naheliegenden Wohnhäusern sowie auch dem Straßenverkehr oft gefährlich werden können. Der einfache Abzugschacht, mit Blechhaube als Aufsatz des Schachtofens, genügt in den seltensten Fällen und auch dann nur, wenn die Anlage vielleicht unbehindert auf freiem Felde aufgebaut ist. Bei

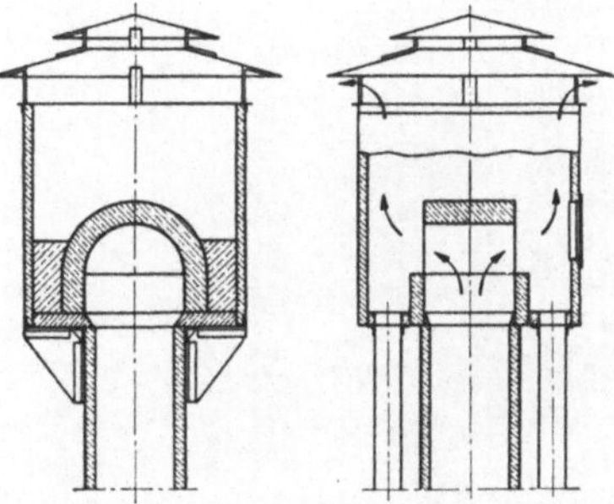

Abb. 20. Funkenfänger mit Prallgewölbe (Durlach).

den Ausführungen nach Abb. 19 u. 20 werden die mit dem Gasstrom hochsteigenden festen Körper gegen das Gewölbe geworfen, von dem sie abprallen, um dann auf dem Boden des Funkenfängers liegen zu bleiben. Durch die große Querschnittserweiterung im oberen Teil des Funkenfängers tritt eine starke Geschwindigkeitsverminderung des Gasstromes ein, so daß die Aschenteile sich niederschlagen können. In den meisten Fällen genügt ein einziges Abfallrohr. Noch zuverlässiger ist die Bauform mit gemauertem Abzugschacht (Abb. 21), der für 2 Öfen gemeinsam angeordnet werden kann; in der Mitte, zwischen beiden Öfen, steht dann ein Schornsteinaufsatz mit der üblichen Blechhaube und Aschenabfallrohr[1].

---

[1] Beim Aufbau der Funkenkammern auf der Gichtbühne darf die Verankerung der im Verbund gemauerten Wände nicht vergessen werden, sonst reißen die Wände.

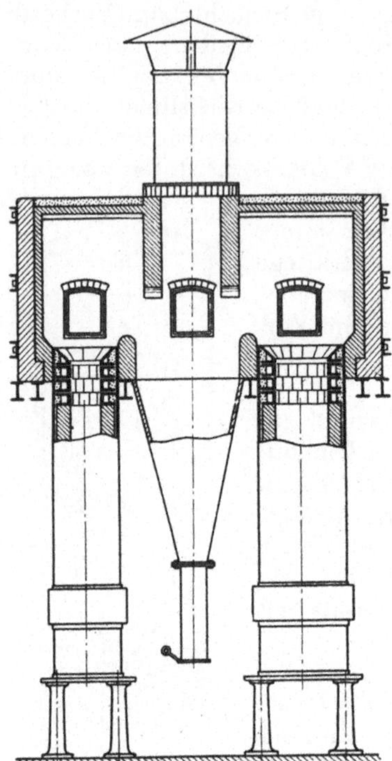

Abb. 21. Funkenfang für Doppelofenanlage (GUTMANN).

Abb. 22. Fahrbare Gattierungswaage (SCHENCK).

In einigen Fällen, besonders bei Rücksichtnahme auf die Umgebung, konnte die Funken- und Gichtstaubbeseitigung mit einer Naßreinigung der Gichtgase verbunden werden, um damit die üblen Gerüche der sich leicht bildenden schwefligen Säure und der sonstigen Gase weitestmöglich zu beseitigen. Diese Einrichtung ist allerdings mit größeren Kosten verbunden, denn sie verlangt ständige Wartung und Instandhaltung und hat sich deshalb wenig eingeführt. Das gleiche gilt für das Berieseln von Dächern und Oberlichtern der Gießhalle. Auf ungestörten Abzug der Gichtgase ist zu achten, die Querschnitte der Abzugschächte müssen deshalb größer sein als die Durchmesser der Schachtöfen.

B. Förder- und Hilfseinrichtungen für den Ofenbetrieb.

11. Allgemeines über Beschickungsvorrichtungen für Schachtöfen. Für kleinere Eisengießereien mit nur geringem täglichen oder monatlichen Ausbringen genügt die Aufgabe der Eisen- und Kokssätze sowie der metallischen und nichtmetallischen Zuschläge in den Ofen von Hand aus den Vorräten, die auf der Gichtbühne ständig lagern und zweckmäßig vorbereitet sind. In diesen Fällen genügt auch eine fahrbare Waage (Abb. 22), um eine sorgsame Zusammensetzung der Eisensätze — gemäß Vorschrift — und ein leichtes Einwerfen in den Ofen zu sichern. Das Aufgeben von Eisen, Legierungszusätzen, Koks und Kalkstein durch Handarbeit hat auch den großen Vorteil, daß mit der sorgfältigen Verteilung der Schmelzstoffe auch ein gleichmäßigeres Abschmelzen der Beschickungssäule eintritt, also auch Störungen im Schmelzgang (z. B. Hängenbleiben der Schmelzsäule) leichter vermieden werden können.

12. Förderwege und Lagerplätze sind nach wirtschaftlichen Gesichtspunkten anzulegen, entweder bei unmittelbarem Bahnanschluß für das Ausladen der Waggons oder aber für Klein- und Mittelbetriebe für die Anfuhr mittels Lastwagen. Das Abladen nahe der Schmelzanlage hat seine besonderen Vorteile. Der Gießereibetrieb sollte niemals als Nebenbetrieb behandelt werden, wie es hin und wieder bei Maschinenfabriken der Fall ist, auch dann nicht, wenn nur wenige Tonnen Gußware einfacher Art täglich in Frage kommen. Lagerplätze·für Roheisen und Gußbruch nebst Stahlschrott, ferner die Schuppen für Schmelzkoks,

Kalksteine, Flußspat, Steine und Stampfmassen neben den sonstigen Schmelz-zusätzen, und die für die Formerei bestimmten Formsande verschiedener Art sollen derart gelagert sein, daß die Förderwege unter Zwischenschaltung von Hebe-zeugen, Hängebahnen, Förderwagen usw. unbehindert jederzeit voll ausgenutzt werden können. Für Kleinbetriebe ist diese Frage leicht zu lösen, doch darf eine übertriebene Sparsamkeit den Aufbau der Anlage und ihre Wirtschaftlichkeit nicht stören. Abb. 5 (S. 7) stellt eine gute Anordnung dar.

Um die Wirtschaftlichkeit und einen ungestörten Betrieb der Schmelzanlage zu sichern, empfiehlt es sich, auch in kleineren Betrieben stets zwei Schachtöfen mit gemeinsamer Funkenkammer und zugehörigem Schornsteinaufsatz anzu-ordnen. Auch hier soll nach Möglichkeit mit Fördereinrichtungen, Hebezeugen usw. nicht gespart werden. Überflüssige Einrichtungen belasten den Betrieb, deshalb muß man bei jeder Neupla-nung oder Umstellung und Erweite-rung einer Schmelzanlage prüfen, in-wieweit mechanische Einrichtungen die oft lästige Handarbeit ersetzen können. Dies gilt besonders für die Beschickung der Öfen, wenn damit gerechnet werden muß, daß hin und wieder größere Schmelzmengen in Frage kommen (Abb. 23).

Anzustrebende Lohnersparnisse sind mit neuzeitlichen Fördermitteln besonders leicht zu erreichen, wenn die Schmelzstoffe möglichst nahe der Ofenanlage bereitstehen, so daß häu-fig die ganze Begichtungsarbeit auch unter Dach erfolgen kann, die Gefolg-schaft also vor Witterungseinflüssen geschützt ist.

Überhaupt wird das Entladen der Rohstoffe und das Fertigmachen der Gichtsätze zweckmäßig in einem Schuppen oder unter Dach vorgenom-men. Dabei kann ein Laufkran oder

Abb. 23. Schachtofenanlage mit außenliegendem Aufzug und freiem Arbeitsraum hinter den Schmelzöfen (KRIGAR).

eine Hängebahn als gut brauchbare Ergänzung dienen. Eine fahrbare Satzwaage (Abb. 22) ermöglicht, daß Eisen, Koks und Zuschläge leicht eingewogen und im fertigen Satz auf kürzestem Wege der Gichtbühne zugeführt werden können. Wenn auf möglichst weitgehende Genauigkeit beim Einwiegen geachtet werden soll, dann ist auch ein Masselbrecher am Platze und häufig ebenso ein Fallwerk. Denn trotz der Sortengrundlagen für Gußbruch wird es sich in größeren Gießereibetrieben nicht vermeiden lassen, daß hin und wieder auch nichtofengerechter Gußbruch, also große Stücke, wie z. B. ausgebaute Maschinenrahmen, in entsprechenden Abmessungen und Gewichten der Gießerei zum Einschmelzen geliefert werden.

In Gießereibetrieben mit umfangreichen Lagerplätzen können auch Elektro-karren gute Dienste leisten, indem sie je nach Bedarf die benötigten Eisensorten zur Waage bringen. Im andern Falle müßten sonst mehrere Waagen angeordnet werden, doch entscheiden hier immer die örtlichen Verhältnisse und die in Frage kommenden Betriebsleistungen.

13. Das mechanische Beschicken der Schachtöfen, insbesondere solcher von größeren Abmessungen und Leistungen, kann die Ofenmannschaft wesentlich entlasten. Durch die Funkenkammer mit Schornsteinaufsatz und zweckmäßige Entlüfter auf der Gichtbühne wird die Mannschaft bereits vor gesundheitlichen Schäden in der Beschickungsarbeit geschützt, aber die Einwirkung der Kohlenoxydgase läßt sich nicht immer vermeiden, so daß auch aus diesem Grunde, besonders im Großbetrieb, die mechanische Beschickung Vorteile bietet. Abb. 24 zeigt eine Anlage mit Kippkübel und Hängebahn, Abb. 25 mit Schrägaufzug. Allerdings ist bei diesen Anlagen ein Setzer auf der Gichtbühne unentbehrlich. Ganz selbsttätig

Abb. 24. Ofenbeschickung mit Hängebahn und Kippmulde
(Demag).

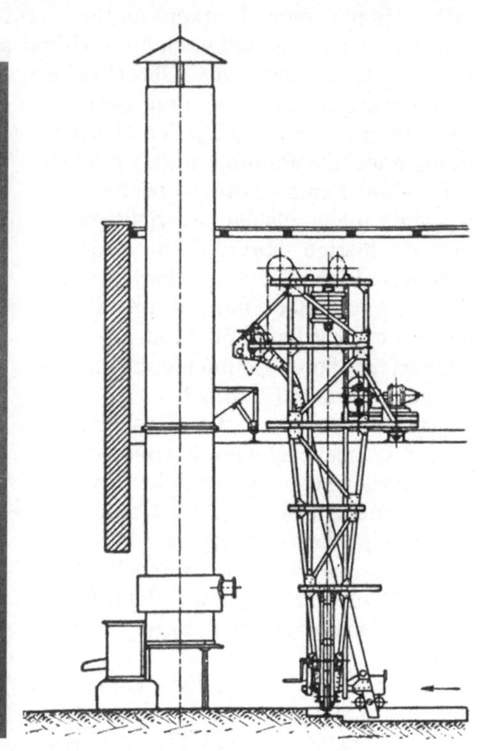

Abb. 25. Schrägaufzug mit Kippkübel
(GUTMANN).

wird die Beschickung, wenn Kübel in zweckmäßiger, dem Ofen angepaßter Bauart mit Bodenklappe nach Abb. 26 verwendet werden. Diese Gichtkübel, mittels Ausleger dem Ofen zugeführt, ermöglichen ein gleichmäßiges Aufgeben der Sätze und schonen dabei auch das Ofenfutter. Gegenüber dem Kippkübel haben diese Tonnenkübel mit Bodenentleerung also einige Vorteile, aber sie bedingen elektrisch gesteuerte Wende- und Entleervorrichtungen, die meist nur für Großbetriebe in Frage kommen.

Die Beseitigung der Handarbeit auf der Beschickungsbühne und die Bestimmung einer zweckmäßigen Beschickungsart ist jedoch auch von den Platzverhältnissen am Roheisen- und Kokslager abhängig.

Bemerkt sei noch, daß bei größeren Schmelzanlagen, die mit Beschickungskran und Kübel vom Hof aus arbeiten, die große Gichtbühne üblicher Bauart nicht notwendig ist; in diesem Falle genügt eine schmale Laufbühne am Ofen, von der aus ein Schmelzer durch eine Fernsteuerung Kran und Kübel bedient. Einzelheiten über Ausführung derartiger Beschickungsanlagen, Elektrozüge u. a. findet man in Werbedruckschriften.

Mit der mechanischen Beschickung ist jedoch eine gleichmäßige Eisen- und Koksverteilung im Ofenschacht nicht zu erreichen. Infolge der sehr ungleichmäßigen Koksverteilung durchströmen die zugeführten Luft- oder Windmengen bald hohe, bald niedrige Koksschichten und die verschieden großen, oft sehr sperrigen Eisenstücke behindern den gleichmäßigen Verlauf der Schmelzung, so daß das erschmolzene Eisen in bezug auf Zusammensetzung und Temperatur häufig mehr oder weniger große Schwankungen zeigt. Diese Nachteile der mechanischen Beschickung können sich, je nach Art und Menge des zu vergießenden Eisens, in den Fertigerzeugnissen oft sehr nachteilig auswirken. Diese Nachteile sind ausschlaggebend für die Anordnung eines angebauten Vorherdes oder eines fahrbaren Eisensammlers als „Mischer".

14. Sammelpfannen (Verteiler) und Gießpfannen. Im Schmelzbetrieb mit Schachtöfen ohne Vorherd oder Eisensammler haben sich bereits seit vielen Jahrzehnten Sonderbauarten von Gießpfannen mit Abschlackvorrichtungen eingeführt, die dort, wo auf die Güte des erschmolzenen Eisens und auf eine einwandfreie Beschaffenheit der Gußstücke besonderer Wert gelegt wird, eine Selbstverständlichkeit sind. Die Abb. 27 zeigt eine Trommelpfanne bekannter Bauart, die auch als Verteilerpfanne für Gießereien mit Formmaschinenbetrieb und Kleinguß in Frage kommt. Sie wird in Größen von 500 bis 2000 kg Inhalt gebaut. Bei diesen Pfannen ist besonders darauf zu achten, daß die

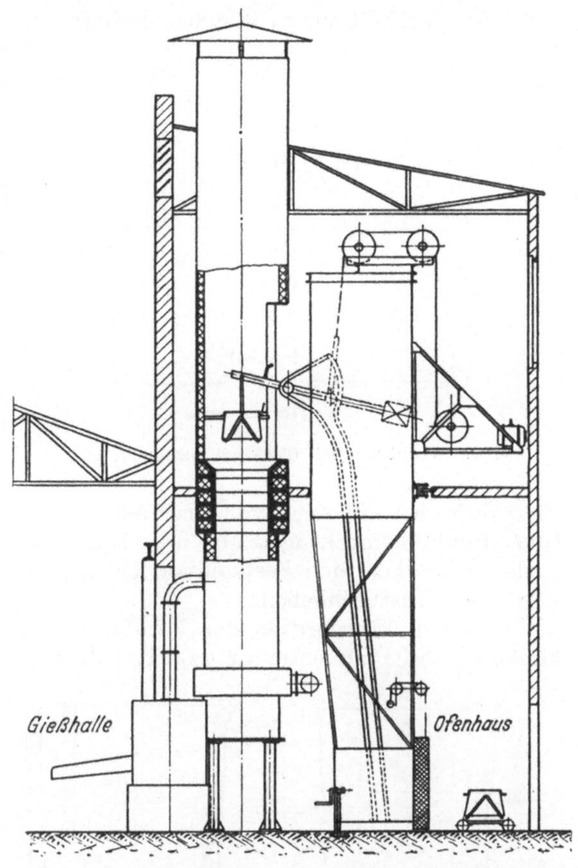

Abb. 26. Begichtungsanlagen (Schrägaufzug) mit Tonnenkübel für Bodenentleerung Durlach).

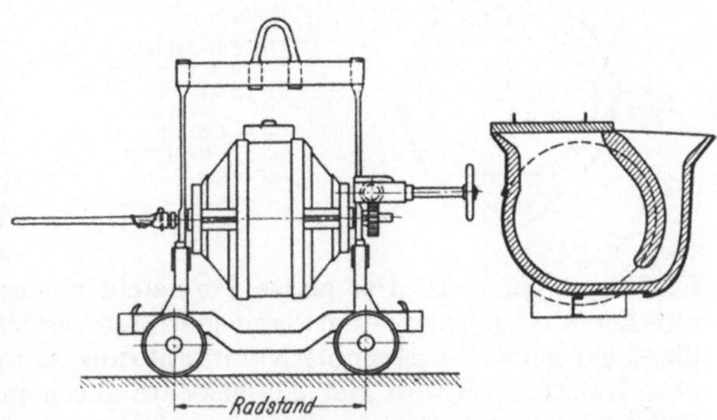

Abb. 27. Trommelpfannen mit Schlackenabfänger (Ardelt-Werke).

2*

Ausmauerung stets in Ordnung gehalten wird und daß vor allem die täglich wieder ansetzende Schlackenmasse rechtzeitig entfernt wird. Es ist auch Wert darauf zu legen, die Ausmauerung oder Ausstampfung mit feuerfester Masse ohne Schwierigkeiten durchführen zu können, deshalb empfiehlt es sich bei normalen Trommelpfannen, eine abnehmbare aber sicher zu befestigende Stirnwand anzuordnen; diese darf aber nicht die Betriebssicherheit der Pfanne mindern. Abgesehen von den kleinen aus Gußeisen gefertigten Handgießlöffeln werden die üblichen Bauarten, wie Handgabel-, Scheren- sowie Kranpfannen aus Stahlblech hergestellt. Je nachdem die Pfannen für Gußeisen oder Stahlguß Verwendung finden, wird auch die Kippvorrichtung angepaßt. Die Pfannen für Stahlguß sind in der Regel kräftiger gebaut, sie erhalten im Boden den bekannten Stopfen-

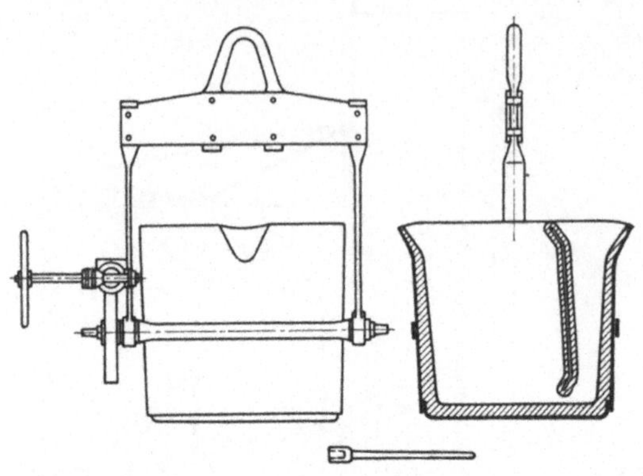

Abb. 28. Kranpfanne mit Gießkanal (Senssenbrenner).

verschluß. Kranpfannen von über 500 kg Inhalt werden meist mit Kippvorrichtung durch Schneckengetriebe und Handrad ausgerüstet, an jeder Pfanne befindet sich aber eine Feststellvorrichtung, um ein vorzeitiges Kippen auf dem Förderweg auszuschließen.

Nach den Vorschriften der Berufsgenossenschaft darf die einfache Feststellklinke nur bei Pfannen unter 1000 kg Inhalt verwendet werden. Die Abb. 28 zeigt eine normale Kranpfanne, die von bekannten Firmen, wie Senssenbrenner, Schwedler & Wambold, Harzer Achsenwerke, Ardelt-Werke u. a. gebaut wird. Ähnlich wie die Trommelpfannen sind seit vielen Jahren auch die kleinen Krangabel- und Scherenpfannen zum Zweck der Zurückhaltung der dünnflüssigen Schlacke[1] auf der Schmelze mit einem Gießkanal ausgerüstet worden. Die Abb. 29 zeigt die Anordnung derartiger Pfannen für 75 bis 500 kg Inhalt. In einfacher Weise wird durch Anordnung einer Trennwand aus Schamottestein der

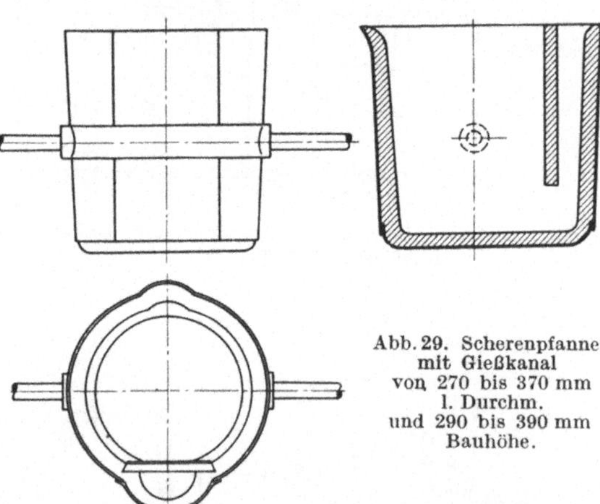

Abb. 29. Scherenpfannen mit Gießkanal von 270 bis 370 mm l. Durchm. und 290 bis 390 mm Bauhöhe.

Gießkanal gebildet. Der glatte Formstein hat schräge Einsatzflächen, die leicht mit Lehm oder feuerfestem Sand gefestigt werden können, bei kleinsten Pfannen dient ein gelochtes Eisenblech mit Führungszapfen oder Keilverschluß dem gleichen Zweck, doch wird hier das gelochte Blech mit Stampfmasse überzogen. Das Schutzblech ist leicht einzusetzen und instand zu halten. Die Wartung des Gießkanals verlangt allerdings einige Betriebserfahrungen; auch etwas Übung und Ver-

---

[1] MEHRTENS: Gießpfannen mit Schlackenabscheider. Z. Gießerei 1940 Heft 6 S. 100.

ständnis ist notwendig. Bei täglichem Gebrauch dieser Pfannen ist damit zu rechnen, daß der dünne Schamottestein vielleicht wöchentlich erneuert werden muß. Die ordnungsgemäße Pflege der kleinen und großen Gießpfannen läßt in vielen Gießereien noch zu wünschen übrig (Abschn. 41, S. 62).

15. Aufnahmebehälter für Schlacken müssen so gebaut sein, daß die Schlacke nach ihrem Erstarren möglichst einfach daraus entfernt werden kann. Bei tief-liegenden Schlackenabstichen wird vor dem Abstich in den Behälter ein eiserner Haken gestellt (Abb. 30), an dem die erstarrte Schlacke später hochgehoben und auf einen Abfuhrwagen abgesetzt wird. — Bei hochgelegenen Schlackenabstichen wird es mitunter möglich, die Schlacke unmittelbar in der Mulde eines Kippwagens aufzufangen und sie so auf sauberste Weise und mit einem Mindestaufwande an Löhnen fortzuschaffen. — Eine andere Wagenart besteht aus einem Fahrgestell mit einem aus 4 Platten zusammengesetzten, nach unten verjüngten Kasten. Der Boden des Kastens wird durch eine aushebbare Platte

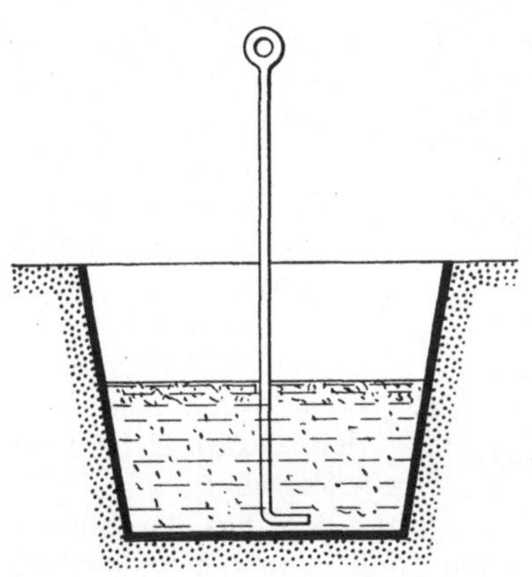

Abb. 30. Schlackenbehälter (IRRESBERGER).

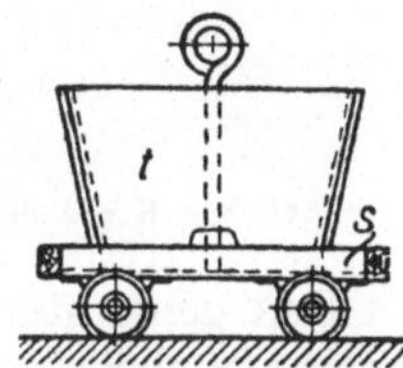

Abb. 31. Schlackenwagen (IRRESBERGER).

(Abb. 31 u. 32) gebildet, die lose zwischen den vier Wandplatten sitzt und mit einem eingeschweißten oder eingenieteten Rundeisen versehen ist, an dem sie mitsamt der erkalteten Schlacke durch den Gießereikran ausgehoben werden kann. Der Kasten wird groß genug bemessen, um die Schlackenmenge einer Tagesschmelzung aufnehmen zu können.

16. Bauart und Größe der Gebläse. Beim Aufbau von Schmelzanlagen mit Schachtöfen ist es sehr wichtig, Bauart und Größe der Gebläse mit ihren Antriebsmotoren den Betriebsverhältnissen richtig anzupassen, damit ein wirtschaftliches Arbeiten gesichert ist. Je nach den in Frage kommenden Leistungen und Erzeugnissen wird also zu prüfen sein, ob ein Kreiskolben- oder Kapselgebläse oder ein Schleudergebläse vorteilhafter benutzt werden kann. Die

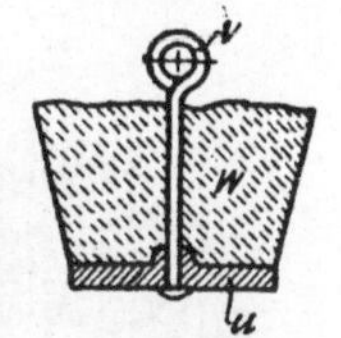

Abb. 32. Bodenplatte für Schlackenwagen (IRRESBERGER).

Gebläse müssen jedenfalls groß genug gewählt werden, damit sie entsprechend dem veränderlichen Querschnitt des Schmelzofens genügend große Luftmengen, die häufig um 25% und mehr größer sind als die normale Luftmenge, schaffen können.

Bezüglich der Bauformen für die Gebläse und für die Einstellung ihrer Leistungen haben sich im Laufe der Zeit einige bevorzugte Anordnungen in allen zeitgemäß eingerichteten Gießereibetrieben einführen lassen. In der Hauptsache handelt es sich um Kapsel- oder Schleudergebläse. Von den ersteren sind zu nennen die Kreiskolbengebläse der Firma C. H. Jaeger & Co., die Rotationsgebläse von Karl Enke und die Schraubengebläse der Firma Krigar & Ihssen, ferner die Aerzener Maschinenfabrik, die auf Grundlage der Bauart des Amerikaners ROOT von 1867 neuzeitliche Kapselgebläse fertigt. Wesentlich bei Kapselgebläsen ist, daß ihre Saug- und Druckrohre nicht unmittelbar in Verbindung stehen. Die angesaugte Luft wird von der Luftkapsel in die Luftleitung zum Ofen entleert, so daß nur geringe Verluste durch die Dichtungsflächen im Gebläse entstehen können.

Die Kreiskolben- oder Kapselgebläse (Abb. 33) fördern die angesaugte Luft zwangläufig, d. h. mit veränderlicher Drehzahl gelangt die entsprechende

Luftmenge in den Ofen, ganz gleich, ob dieser mehr oder weniger gefüllt ist oder die Düsen teilweise verschlackt sind. Der Wirkungsgrad dieser Gebläse liegt zwischen 0,65 und 0,85, er ist unabhängig von dem Überdruck in der Luftleitung und von der Drehzahl. Die Kapselgebläse lassen sich in weiten Grenzen den Betriebsanforderungen anpassen, sie laufen vom Beginn bis zum Ende der Schmelzung mit gleicher Drehzahl und Luftmengenförderung. Muß die Drehzahl einer Änderung des Ofenquerschnittes angepaßt werden, so kann dies durch mehrstufige Schaltgetriebe oder durch Änderung der Motordrehzahlen erfolgen.

Abb. 33. Kreiskolbengebläse mit Keilriemenantrieb (Jaeger & Co.).

Den genannten Vorteilen der Kreiskolbengebläse steht allerdings der höhere Anschaffungspreis entgegen, deshalb werden in vielen Gießereien die wesentlich billigeren Schleudergebläse bevorzugt. Diese Turbinen- oder Turbogebläse dürfen allerdings nicht mit den gewöhnlichen Ventilatoren verglichen werden, wie solche häufig in Gießereien angetroffen werden. Das Turbinengebläse (Abb. 34) wirkt nur durch die Umlaufgeschwindigkeit des Kreiselrades. Eine Veränderung des

Abb. 34.
Turbinengebläse, einstufig, mit Motor (Jaeger & Co.).

Abb. 35.
Turbogebläse (Kühnle, Kopp & Kausch).

Druckverhältnisses bei gleichbleibender Luftmenge und gleichbleibender Drehzahl ist ausgeschlossen. Erhöhen sich also die Widerstände, so geht die zu fördernde Luftmenge zurück.

Das bei Kapselgebläsen oftmals vernehmbare Geräusch läßt sich durch Anlegung einer Sauggrube stark dämpfen, aber auch diese Anordnung ist vielen Gießereibetrieben mehr oder weniger lästig. Die Schleudergebläse brauchen wenig Raum und laufen auch fast ohne Geräusch. Sie kommen unter verschiedenen

Namen in den Handel. Neben dem bereits genannten Turbinengebläse haben sich die Mitteldruckgebläse (Abb. 35) der Firma Kühnle, Kopp & Kausch gut eingeführt. Sie werden in zehn verschiedenen Größen geliefert.

Abb. 36 zeigt den Luftbedarf und den Winddruck für die bei Schachtöfen in Frage kommenden Schmelzleistungen (vgl. Tab. 8 S. 42).

Beim Aufbau von Schmelzanlagen ist sehr wichtig, daß die Gebläse in der Leistung richtig bemessen werden. Besonders bei Anwendung der Schleudergebläse sind Luftmengen- und Luftdruckmesser stets zu beobachten. Bei diesen Gebläsen kommt für die Luftmengenförderung die Drosselklappe und die Einstellung der Drehzahlen in Frage. Hier haben sich u. a. der K.K.K.-Multiplikator sowie der Regler der Askania-Werke gut bewährt (s. Abschn. 31).

C. Baunormen für Gießerei-Schachtöfen.

17. Normen für den Ofenaufbau.

Für den Aufbau der normalen Schachtöfen kommt als Hauptteil der einfache Ofenmantel oder Schacht in Frage,

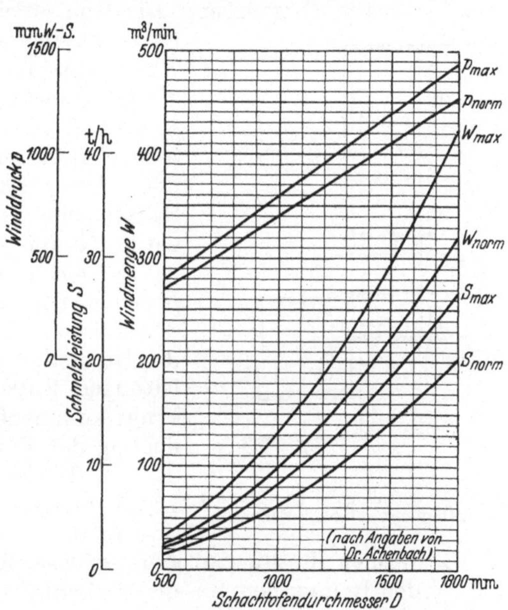

Abb. 36. Windverhältnisse am Gießerei-Schachtofen (ACHENBACH).

dessen Abmessungen bezüglich Höhe, Durchmesser und Blechstärke der stündlichen Schmelzleistung anzupassen sind. Die Öfen werden je nach den Betriebsverhältnissen und nach den zu erzeugenden Gußwaren mit oder ohne angebauten Vorherd (Eisensammler) ausgeführt. Der Fachnormen-Ausschuß hat vorgeschlagen, nur die in Tabelle 1 (Abb. 37) angegebenen sechs Größen festzulegen. Ferner sind festgelegt

Tabelle 1. Abmessungen für Schachtöfen mit und ohne Vorherd.

Lichte Weite A	Lichter Durchmesser Mantel B	Lichter Durchmesser Vorherd C	Anschlußdurchmesser Luftleitung D	Luftmenge	Gebläseleistung	Mindest-Schmelzleistung
mm	mm	mm	mm	m₃/min	m³/min	t/Std.
500	900	600	200	15	25	1
600	1000	700	250	30	40	2
800	1200	900	300	60	75	3
1000	1500	1100	350	90	110	6
1200	1800	1300	400	135	155	9
1400	2000	1500	450	180	205	12

Weitere Einzelheiten folgen nach Beschluß im DNA!

die Ofenhöhe F vom Einwurf bis zum Ofenboden und die Entfernung K der Düsenmitte vom Einwurf. Die Höhenmaße H für den Ofenmantel sollen möglichst den Einheitsmaßen der Blechgrößen angepaßt werden, so daß Abfälle beim Verschnitt der Bleche zu vermeiden sind. Dem Besteller bleibt es vorbehalten, ob der Mantel genietet oder geschweißt wird. Der Durchmesser des Vorherdmantels entspricht dem des Ofenmantels, doch ist der lichte Durchmesser des Mauerwerks oder der Stampfmasse 100 mm größer als A.

Der lichte Durchmesser der Luftleitung vom Gebläse zum Ofen ist durch die Anschlußmaße D gegeben. Die Gebläseleistung muß der Luftmenge bei einem Satzkoksverbrauch von 10 %, bezogen auf das gesetzte Eisen, entsprechen.

Die Gebläseleistung ist aus Gründen der Betriebssicherheit größer gewählt und mit steigender Luftmenge kann auch die Leistung der Öfen erhöht werden. Der vorliegende Entwurf DIN 6920 Gießerei-Schachtöfen gilt zunächst für die Leistungsstufen sowie Haupt- und Anschlußmaße der Ausführung.

Es sind zwei Blätter in Vorbereitung: Blatt 1 für normale Öfen nach Tabelle 1, und Blatt 2 für Aufbau der Funkenkammern mit Schornstein usw. Die für die Herstellung dieser Öfen sowie der Gebläse, Rohrleitungen, Zubehörteile, Verteiler- und Gießpfannen in Frage kommenden Lieferwerke sind an der Vereinheitlichung der Baumaße beteiligt.

Von der Normung der Kleinöfen unter 500 mm l. Durchmesser ist mit Rücksicht auf den geringen Umsatz in diesen Öfen Abstand genommen worden.

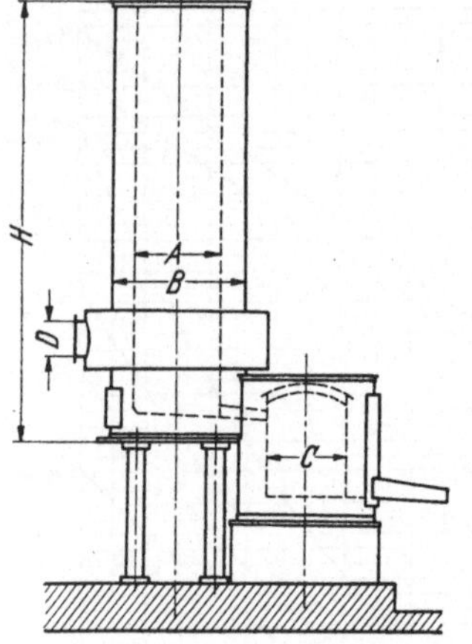

Abb. 37. Ofenschema zu Tabelle 1 (für Öfen mit und ohne Vorherd).

18. Normen für Ofenzubehör, Gebläse, Rohrleitungen usw. In ähnlicher Form wie bei den Baunormen für die Schachtöfen ist auch für den Zubehör eine Vereinheitlichung der Bauarten und Abmessungen geplant. Die Anregung zu diesen Arbeiten liegen schon weit zurück. Bereits 1931 konnte Verfasser im Handbuch der Eisen- und Stahlgießerei[1] Bd. 4 unter: „Normung im Gießereiwesen" einen allgemeinen Überblick geben, welche Sondergebiete für die Aufstellung von Fachnormen in Frage kommen, und wie das neueste Normenblattverzeichnis[2] erkennen läßt, ist trotz aller Schwierigkeiten durch die Kriegswirtschaftsverhältnisse der letzten Jahre auch für das Gießereiwesen allerlei Wichtiges geschaffen worden.

Für die Notwendigkeit der hier besonders in Frage kommenden Fachnormen geben auch die vom Verfasser aufgebauten Gießereimerkblätter I und II (vgl. Fußnote S. 3) bereits einen kleinen Hinweis. Die weiteren Sachgruppen über Gebläse, Rohrleitungen, Ventile, Absperrschieber, Formstücke, Fördermittel, Ketten, Drahtseile, Meßgeräte, Siebe, Waagen und sonstige für den Gießereibetrieb unentbehrliche Vorrichtungen, lassen aber deutlich erkennen, daß noch manches zu tun übrig bleibt, um eine Leistungssteigerung in der Eisengießerei, insbesondere im Schmelzbetrieb, zu ermöglichen.

19. Allgemeines über Fachnormen für Roh- und Hilfsstoffe im Schmelzbetrieb. Normen sind keine Gesetze, aber sie sind auch für die Gießereibetriebe naturnotwendig, wenn mit der Gemeinschaftsarbeit eine Leistungssteigerung und Erhöhung der Wirtschaftlichkeit im Gießereibetrieb erreicht werden soll. Durch die Zusammenarbeit des Normenausschusses mit dem Verein Deutscher Eisenhüttenleute, den Gießereifachleuten sowie mit der Wirtschaftsgruppe „Gießerei-Industrie", der Reichsstelle „Eisen und Stahl", dem Reichsamt für Wirtschaftsausbau, sind die in Frage kommenden Richtlinien für Roh- und Hilfsstoffnormen und Liefer-

---

[1] Verlag Springer, Berlin 1931.

[2] Beuth-Vertrieb G.m.b.H., Berlin SW 68. Das Normblattverzeichnis gehört unzweifelhaft zu den wichtigsten Arbeiten wirtschaftlicher Art, es darf deshalb in keinem Betriebsbüro der Gießerei und im Maschinenbau fehlen.

bedingungen in den letzten Jahren erheblich weiter gefördert worden. Damit sind auch im Sinne der Wirtschaftslenkung die Fortschritte in der Vereinheitlichung der Wehrwirtschaft und insbesondere den hohen Anforderungen der Kriegswirtschaft zugute gekommen. Dies gilt an erster Stelle für den Schmelzbetrieb, dem die praktische Anwendung der Normen durch einheitliche, klare Bezeichnungen, Maße, Formen, Gewichte, Ersparnisse an Werkstoffen, Werkzeugen und Zeiten, auch eine wesentliche Arbeitsersparnis und erhöhte Treffsicherheit in der Güte der Erzeugnisse bringt.

Von der Vereinheitlichung der metallischen Werkstoffe, Roheisen und Zusätze ist bereits im Werkstattbuch Nr. 19 ausführlich berichtet. Im Abschn. 36 folgt noch eine Ergänzung der Angaben über die Vereinheitlichung der Gußbruchsorten.

Den Eigenschaften und Prüfverfahren für diese Hilfsstoffe wurde in den letzten Jahren von den Fachausschüssen größere Aufmerksamkeit entgegengebracht, und es sind auch entsprechende Merkblätter aufgestellt worden.

20. Richtlinien für die Bewertung der Brennstoffarten haben in den Gießereibetrieben eine besondere Bedeutung. Es ist deshalb sehr zu begrüßen, wenn z. B. in bezug auf Auswahl und Gütebestimmungen des Schmelzkokses Vorschriften geschaffen werden, die zur Sicherung eines sparsamen Verbrauches dieses wichtigen Brennstoffes beitragen.

In den Gießereifachausstellungen zu Düsseldorf 1929/36, gab ein Merkblatt (Tabelle 2) eine Zusammenstellung der erforderlichen Eigenschatten des Gießereikokses und eine Begründung der Notwendigkeit der in Frage stehenden einheitlichen Prüfverfahren. Der wissenschaftliche und praktische Wert der Brennstoffprüfung ist demnach erkannt und einheitliche Lieferbedingungen werden eine sparsame Brennstoffwirtschaft, die unbedingt erstrebt werden muß, ermöglichen.

21. Die feuerfesten Baustoffe im Schachtofenbau haben unvermeidlich gewisse Schwankungen der Eigenschaften, als Folge der Ungleichmäßigkeit der Rohstoffe, deren Verarbeitung und des Brandes. Dieser Umstand ist es auch, der bei der Aufstellung der Gütevorschriften bezüglich Auswertung der Untersuchungsergebnisse berücksichtigt werden muß. In den DIN-Blättern 1086, 1064, 1065 und 1067 ist über Gütenormen und Prüfverfahren für feuerfeste Baustoffe ausführlicher berichtet. Hierzu gibt noch das DIN-Blatt 1081 eine Zahlentafel mit den Abmessungen der genormten Steingrößen, und zwar ganze und Dreiviertelsteine sowie Ausgleichplättchen.

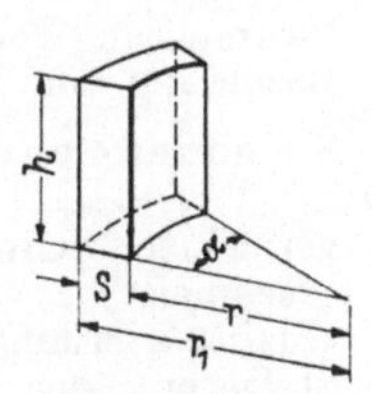

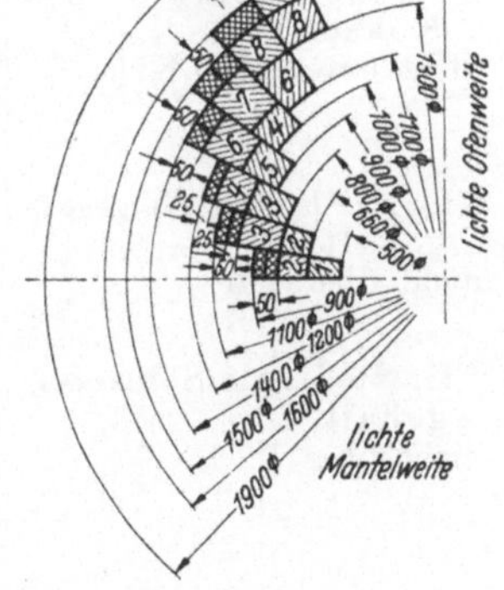

Abb. 38.
Schachtofenstein.

Abb. 39.
Steinanordnung in Schachtöfen.
(Für Steinnormen.)

Für die Gießerei-Schachtofen- und Vorherd-Formsteine ist ein Entwurf DIN 1083 ausgearbeitet worden, dessen Grundlage für die Abmessungen und Querschnitte der Steine die Baunormen für Schachtöfen nach DIN 6920 bildet. Die Tabelle 3 und 4 nebst den Abb. 38 und 39 sind diesem Entwurf entnommen[1]. Demnach kommen nur Radialsteine für die genormten Ofengrößen (Tabelle 1) in Frage. Weitere Angaben über Formsteine anderer Größe, wie z. B. Keilsteine zu Vorherddecken oder solche für räumlich getrennte Eisen- und Schlacken-

---

[1] Maßgebend ist die jeweils neueste Ausgabe des Normblattes, das vom Beuth-Vertrieb, Berlin SW 68, zu beziehen ist.

Tabelle 2. Merkblatt über Gießereikoks, seine Eigenschaften und Prüfverfahren[1].

Erforderliche Eigenschaften	Warum?	Prüfverfahren
I. Äußere Beurteilung, Aussehen meist matt, grau, keine porösen schwarzen Stücke	Aussehen nicht immer ausschlaggebend wegen der verschiedenen Waschtechnik der Zechen	Beurteilung nach dem Aussehen
II. Grobstückigkeit, Stückgröße 100 mm und größer, zulässiger Abrieb gleich oder kleiner 5 %, Stücke unter 100 mm höchstens 15 %	**Zu kleinstückiger Koks:** Verdichtung der Beschickung, erhöhter Kraftaufwand bei erhöhtem Winddruck, größere Oberfläche des Kokssatzes, Beschleunigung der Verbrennung oberhalb der Verbrennungszone, schlechte Ausnützung des Brennstoffs	Sieben und Wiegen
III. Hohe Festigkeit,	**Geringe Festigkeit der Koksstücke:** zu früher Zerfall unter der Last der Eisengicht, frühzeitige Vergrößerung der reaktionsfähigen Oberfläche, unwirtschaftliche Verbrennung und schlechte Gasanalyse, Steigerung des Brennstoffverbrauchs	Festigkeitsprüfung nach der Trommelprobe
IV. Dichtes Gefüge, Porenraum nicht über 50, möglichst 40 %	**Zu großer Porenraum:** Erleichterung der frühzeitigen Verbrennung, schlechte Gichtgasanalyse und unwirtschaftliche Ausnützung des Brennstoffs, Herabsetzung der Festigkeitseigenschaften des Kokses	1. Scheinbares u. wirkliches spezifisches Gewicht 2. Porositätsbestimmung
V. Hoher Heizwert des Kokses, nicht unter 6800 Kal.	**Schlechter Heizwert:** Herabsetzung der Eisentemperatur mit ihren nachteiligen Folgen, Steigerung des Satzkoksverbrauchs	Heizwertbestimmung
VI. Niedriger Wassergehalt, nicht über 4 %	**Höherer Wassergehalt:** Verfrachtung von Wasser bei der Lieferung, Bezahlung von Wasser statt von Koks	Wasserbestimmung
VII. Niedriger Schwefelgehalt, nicht über 1,2 %	**Zu hoher Schwefelgehalt:** vermehrte Schwefelaufnahme der Eisenschmelze, Qualitätsverminderung des Eisens, Steigerung der Ausschußgefahr durch erhöhte Schwindung und Lunkerung, Mehrkosten für Entschwefelungsmaßnahmen und Manganträger	Schwefelbestimmung
VIII. Niedriger Aschengehalt, nicht über 10 %	**Zu hoher Aschengehalt:** Herabsetzung des Heizwertes des Kokses, Erniedrigung der Eisentemperatur bei gleichbleibendem Satzkoks, Erhöhung der Schlackenmenge, Erhöhung der Zuschläge, Vermehrung des Brennstoffaufwands	Aschenbestimmung

[1] Gießereifachausstellungen zu Düsseldorf 1929/36, Gruppe XI, „Die Rohstoffe des Schmelzbetriebes" unter Leitung der Obmänner: Regierungs- und Bergrat H. Pinsl, Amberg und Dr. F. Roll, Leipzig.

abläufe — nach dem Walter-Verfahren u. a. — sind in den Werbeblättern der bekannten Schamottewerke enthalten. Mit Rücksicht auf die Zusammensetzung dieser Steine sollte aber nie vergessen werden, den Lieferwerken ihren Verwendungszweck genau anzugeben, damit sie auch von Fall zu Fall den zu stellenden Ansprüchen genügen.

Die Steine dürfen im Schachtofen bei Temperaturen bis etwa 1800° nicht schmelzen, auch nicht die Form verändern, sie sollen auch schlackenfest sein und den Druck der Beschickungssäule ertragen, ohne Fugen zu bilden. In vielen

Tabelle 3. Steinabmessungen (Abb. 38).

Nr.	Innen-halbmesser r	Außen-halbmesser r_1	Zentri-winkel α^0	Steinanzahl für 1 Ring	S	h
1	250	330	24	15	80	
2	330	400	20	18	70	
3	400	500	18	20	100	
4	500	575	15	24	75	
5	450	550	15	24	100	250
6	550	650	12	30	100	
7	575	700	10	36	125	
8	650	750	10	36	100	
9	750	900	7,5	48	150	

Werkstoff: Feuerfester Ton gebrannt.

Tabelle 4. Ofenabmessungen.

Stündliche Schmelzleistung t ≈	Lichte Weite im Ofen	Querschnitt m²	Mauerstärke	Steinstärke innere Schicht	Steinstärke äußere Schicht	Lichte Weite im Blechmantel	Luft zwischen Blechmantel und Mauer
1	*500	0,196	150	80	70	900	20
2,5	*660	0,342	170	70	100	1100	20
4	*800	0,503	175	100	75	1200	25
5	900	0,636	200	100	100	1400	50
6	*1000	0,785	200	75	125	1500	50
7,5	1100	0,950	200	100	100	1600	50
10	*1300	1,327	250	100	150	1900	50

* Vorzugsreihe der Ofengrößen.

Fällen werden auch in der Natur vorkommende Steine für das Ofenfutter verwendet, wie z. B. die Steine von Crummendorf in Schlesien, Hugo Schlenkermann, Eiserfeld, u. a. Diese Steine werden in der Regel in zwei Ausführungen geliefert, und zwar einmal roh behauen und das andere Mal maßgerecht für jeden Ofen nachbearbeitet. Der Nachteil dieser ungebrannten Steine liegt eben nicht· zuletzt in den großen Fugen zwischen den rohen oder nachbearbeiteten Steinen, auch die Verwendung von Mörtel gleicher Zusammensetzung kann dem Übel nicht immer abhelfen.

Seit vielen Jahren werden an Stelle von feuerfesten Steinen verschiedene Stampfmassen (Tabelle 5) verwendet, die bei sorgsamer Zusammensetzung und ebensolcher Aufstampfarbeit gute Erfolge im Schmelzbetrieb bringen. Die in Frage kommenden Lieferwerke, wie Bong, Dörentrup, Grocholl, Krause, Lüngen, Möwius u. a., haben besondere Geräte und Stampfverfahren zur Herstellung dieses Schachtofenfutters ausgebaut, die gute Dienste leisten. Aber wie gesagt, das Ausstampfen der Öfen, auch mit Hilfe von Stampfringen, Spitzstampfern und Preßluftstampfern, erfordert große Erfahrung und Sorgfalt, ungelernte Helfer sollten diese Arbeit nicht ausführen.

Tabelle 5. Zusammenstellung von Untersuchungen über Ausstampfmasse für Gießerei-Schachtöfen[1].

Art der Stampfmasse	Analyse					Masseverbrauch Trockensubstanz je 100 kg Eisen	Wirkliche Schlackenmenge a. d. CaO-Gehalt bestimmt je 100 kg Eisen	Theoretische Schlackenmenge, berechnet aus d. Abbrand Koks u. Kalk je 100 kg Eisen	Differenz von wirkl. u. theoret. Schlackenmenge, Masseverbrauch und Massesand	Gesamtdurchsatzmenge im Mittel	Stundenschmelzleistung im Mittel	Koksverbrauch je 100 kg Eisen einschl. Füllkoks abzüglich wiedergewonnenen Koks im Mittel je 100 kg Eisen	Kalksteinzusatz je 100 kg Eisen im Mittel
	SiO_2 %	Al_2O_3 %	Fe_2O_3 %	CaO %	Glühverlust %	kg	kg	kg	je 100 kg Eisen	kg	kg	kg	kg
Gießerei I													
Helmsdorfer Klebsand	92,30	5,21	0,43	—	1,98	1,19	6,72	4,18	2,54	18917	4407	12,45	3,27
Dörentruper Stampfmasse .	90,88	6,88	0,20	—	2,00	2,10	6,51	3,46	3,05	19083	4339	12,13	3,18
Krause Stampfmasse III . . .	74,38	18,27	0,97	—	5,92	1,88	7,05	4,00	3,05	23250	4677	12,18	3,26
1 Teil Quarzit, 2 Teile Krause III .	84,20	11,62	0,50	—	3,60	0,98	7,49	4,16	3,33	16666	4302	13,40	3,47
Krause Glocke .	85,66	9,66	0,64	0,38	3,22	1,56	5,99	4,06	1,93	21583	4284	14,35	3,45
Gebr. Lüngen, Erkrath bei Düsseldorf	85,68	9,26	0,14	0,50	MgO Glühverl. 0,24 4,00	1,87	6,25	4,10	2,15	21500	4288	13,32	3,45
Gießerei II													
Helmsdorfer Klebsand	95,18	4,13	0,54	—	—	1,24	11,72	4,51	7,21	12650	3400	12,03	3,45
Dörentruper Stampfmasse .	85,08	13,52	0,14	—	—	1,97	8,59	5,05	3,54	12383	3100	15,23	3,57
Gießerei III													
Helmsdorfer Klebsand	89,28	6,10	1,87	1,75	—	2,78	8,09	4,84	3,25	14917	2800	15,45	4,00
Krause Stampfmasse III . . .	84,20	6,30	1,30	1,20	—	3,61	7,13	5,22	1,91	27300	3600	22,52	4,00

[1] Auszug aus Stahl u. Eisen Jg. 1924 Heft 52 S. 1786/87.

Baunormen für Gießerei-Schachtöfen.

22. Die nichtmetallischen Zuschläge, Kalksteine und Flußspat, zur Bildung der Schachtofenschlacke haben bei den Normenarbeiten und der Aufstellung von Lieferbedingungen neben den feuerfesten Baustoffen ebenfalls Beachtung gefunden. Wie AULICH vorgeschlagen hat, sollten die Eisengießereien jeden Kalkstein, dessen Zusammensetzung nicht bekannt ist, nach dem von ihm ausgearbeiteten Prüfverfahren genau untersuchen lassen. AULICH hat über Zuschläge im Schachtofenbetrieb in der „Gießereizeitung“ bereits 1925 ausführlich berichtet. Die Ansichten über die Verwendung der Zuschläge an Flußspat sind geteilt; Tatsache ist es aber, daß der Flußspatzusatz die Schlacke nicht nennenswert beeinflußt, eine Entschwefelung und Desoxydation des erschmolzenen Eisens kommt nicht in Frage, trotzdem kann der Dünnflüssigkeit der Schlacke durch Flußspatzusatz etwas nachgeholfen werden. Viele Gießereien nehmen zum Schluß der täglichen Schmelzungen im Schachtofen Flußspatzusätze, um das Ofenfutter zu glätten. Für den Kalkstein, als Zuschlag, genügt eine Rohstoffgüte mit 95 % Kalziumkarbonat ($CaCO_2$).

Als Entschwefelungsmittel bewährt sich mit bestem Erfolg das in der Hauptsache aus Soda bestehende WALTERsche Zusatzmittel (Raffinationsbrikett). Die Wirkung kommt aber unmittelbar im Schachtofen mit saurer Schlacke nicht zur Geltung, deshalb wird

Tabelle 6. Merkblatt (Abb. 40).
Richtige Anordnung von Eingüssen, Schlackenläufen und Anschnitten im Verhältnis wie 4:3:2.

Benennung	Eingußtrichter	Schlackenlauf	Eingußanschnitt 2 fach
Trichter 15 mm ⌀			
Querschnitt:	15⌀ / 177 mm²	12 / 126 mm²	9, 9 / 2×40 = 80 mm²
Trichter 20 mm ⌀			
Querschnitt:	20⌀ / 315 mm²	17 / 255 mm²	13, 13 / 2×85 = 170 mm²
Trichter 25 mm ⌀			
Querschnitt:	25⌀ / 490 mm²	21 / 390 mm²	16, 16 / 2×130 = 260 mm
Trichter 30 mm ⌀			
Querschnitt:	30⌀ / 707 mm²	24 / 540 mm²	19, 19 / 2×180 = 360 mm²
Trichter 40 mm ⌀			
Querschnitt:	40⌀ / 1255 mm²	32 / 950 mm²	25, 25 / 2×312,5 = 625 mm²
Trichter 50 mm ⌀			
Querschnitt:	50⌀ / 1900 mm²	40 / 1450 mm²	31, 31 / 2×480 = 960 mm²

eine Entschlackungsvorrichtung am Ofenschacht mit räumlich getrenntem Eisen- und Schlackenablauf angewendet, so daß das schlackenfreie Eisen im Vorherd, in der Sammelpfanne oder Gießpfanne durch Zusatz der Briketts leicht entschwefelt, entgast und desoxydiert werden kann.

23. Verschiedenes. Über Gießpfannen und Zubehör ist bereits in Abschn. 14 einiges gesagt worden. In der Abb. 40, Tabelle 6, ist mit Genehmigung des DATSCH ,jetzt Reichsinstitut für Berufsausbildung in Handel und Gewerbe, ein Merkblatt wiedergegeben, das an Hand einiger Beispiele zeigt, wie Einguß, Schlackenlauf und Anschnitte im Verhältnis von 4:3:2 auszuführen sind. Dieses Merkblatt hat in zahlreichen Gießereien volle Beachtung für die Schulung des Nachwuchses gefunden, es kommt der Fehlgußminderung zugute.

In bezug auf die Prüfung der Formsande, die für den Schachtofenbetrieb auch Bedeutung haben, kann auf die DIN-Vornorm DVM 2401 verwiesen werden. Die zugehörigen Prüfgeräte[1] nach Vorschlägen von AULICH, REIT-

---

[1] Siehe Praktische Formsandprüfung. Gießerei 1936 Heft 18 S. 431.

MEISTER u. a. sind bereits in zahlreichen Gießereien des In- und Auslandes in Anwendung. In ähnlicher Weise wird auch eine einheitliche Prüfung der Graphite und Schwärzen vorbereitet, hierbei sollen insbesondere die bedeutenden Vorkommen an Naturgraphit im großdeutschen Gebiet berücksichtigt werden. Der Graphit findet auch bei den Hilfswerkzeugen im Schmelzbetrieb Verwendung, jedoch sei betont, daß das Bestreichen des Schachtofenfutters, ebenso der Gießpfannenauskleidung, mit Graphitschwärzen überflüssig und zwecklos ist[1].

In bezug auf die Normungsarbeit verdienen auch die genormten Ketten und Drahtseile sowie Schutzbrillen usw. volle Aufmerksamkeit. Durch die Vereinheitlichung dieser Zubehörteile und Werkzeuge ist die dauernde Instandhaltung sehr erleichtert. Schutzbrillen und Asbestschürzen tragen wesentlich dazu bei, Unfälle im Schmelzbetrieb zu vermeiden (vgl. Abschn. 44).

D. Sondereinrichtungen im Schmelzofenbau.

24. Verbesserungen am Schachtofen selbst. Im Laufe der letzten Jahrzehnte sind infolge der wesentlich gesteigerten Anforderungen an die Werkstoffeigenschaften der Gußwaren, und zwar insbesondere derjenigen für den Motoren- und Maschinenbau, auch Ergänzungen oder Umstellungen im Schmelzverfahren notwendig geworden. Diese Ergänzungen bezweckten zunächst, die in den Werkstoffnormen festgelegten Güteklassen treffsicherer zu erreichen, anderseits sollten sie aber auch die Wirtschaftlichkeit im Schmelzbetrieb erhöhen. Jedoch haben sich viele dieser Neuerungen im Schachtofenbetrieb nicht durchgesetzt, und der einfache Schachtofen in richtigen Abmessungen und Betriebsverhältnissen mit zeitgemäß angepaßter Wartung konnte den bevorzugten Platz in der Eisengießerei nach wie vor voll behaupten.

Einfache mechanische Hilfsvorrichtungen sollten in der Hauptsache dem Mangel an geschulten Hilfsarbeitern im Schmelzbetrieb abhelfen oder die Betriebskosten mindern. Hierzu gehörten insbesondere allerlei Vorschläge für Änderungen der Düsen zwecks besserer Luftverteilung und Beseitigung der Schlackenansätze, ferner Eisen- und Schlackenabstichverschlüsse u. a. mehr.

Die Entwicklung des Gießerei-Schachtofenbetriebes brachte, abgesehen von weniger bedeutungsvollen Versuchen — wie z. B. das Vorherdrüttelverfahren von CORSALLI-DECHESNE u. a. —, im Laufe der letzten Jahrzehnte weitere mehr oder weniger wichtige Anregungen, die mit erhöhter Schmelzleistung wirtschaftliche Vorteile durch Koksersparnis usw. bringen sollten. Nach den Vorläufern, Öfen mit Zuführung von Sekundärluft, wie z. B. Bauart GREINER und ERPF im vorigen Jahrhundert und ähnlichen Ausführungen in späterer Zeit, von LAISLE und von POUMAY, die beabsichtigten, der Gebläseluft durch Zusatz- und Wechseldüsen weiteren Sauerstoff zuzuführen, kamen noch die Versuche mit dem Wassereinspritzverfahren der Vulcan-Feuerung AG., die sämtlich ohne Dauererfolge blieben und bald wieder aufgegeben wurden.

Bessere Ergebnisse und entsprechende Beachtung erlangten die sogenannten Heißluft- oder Heißwind-Schachtöfen. Die ersten Versuche hierzu liegen allerdings schon 100 Jahre zurück und betrafen die Hochöfen. In neuerer Zeit hatte der SCHÜRMANN-Schachtofen, mit angebauten Winderhitzern, mehrfachen Düsenreihen und Umschaltklappen ausgerüstet, in verschiedenen Gießereien

---

[1] Inzwischen hat der Fachausschuß für Form- und Kernsandfragen im VDG seine Arbeiten wieder aufgenommen, und es darf damit gerechnet werden, daß diese Arbeiten auch der Bearbeitung der Graphite und Formschwärzen zugute kommen. Führende Gießereibetriebe haben ihre Mitarbeit zur Verfügung gestellt.

zu weitgehenden Versuchen angeregt. Aber trotz aller Mühe der Erfinder und der sonst Beteiligten gelang es nicht, diese Ofenergänzung zu dauernden Erfolgen zu führen. Es sind zwar heute noch einige Öfen in Betrieb, aber neue Versuche, die zu weiterer Einführung Anregung geben könnten, treten nicht mehr in Erscheinung. Die geringen Vorteile durch gewisse Ersparnisse an Satzkoks werden durch höhere Anschaffungs- und Unterhaltungskosten wieder aufgehoben, außerdem erfordert der Betrieb größere Aufmerksamkeit als die einfachen Vorherd-Schachtöfen.

Die neuen Anregungen von SCHÜRMANN und seinen Mitarbeitern haben aber bezüglich der Lufterhitzung weitere Ofenergänzungen gebracht, die durch Umleitung der Verbrennungsgase eine Lufterhitzung und damit heißeres Eisen bei geringerem Koksverbrauch ermöglichen sollten. Diese Ofenergänzungen oder Umstellungen haben aber auch bereits altbekannte Vorläufer gehabt, wie z.B. den SCHNEIDER-Ofen, der mit sehr hohem Luftmantel die Erwärmung der zugeführten Luft am Ofenschacht auf etwa 300° ermöglichen sollte. Die Öfen waren um die Jahrhundertwende in vielen Gießereien in Anwendung. Im letzten Jahrzehnt sind weitere Öfen mit Regelungsvorrichtung für die Luftzuführung besonders im Auslande bekannt geworden. Erwähnt sei der englische FLETCHER-Ofen, der mit Unterstützung der britischen Studiengesellschaft für die Untersuchung von Gußeisen in vielen ausländischen Gießereien Eingang fand[1]. Die Betriebsergebnisse werden sehr verschieden beurteilt. Verfasser hat Öfen im Betrieb beobachten können und aus den Schmelzergebnissen entnommen, daß die betonte Koksersparnis wohl eintritt, aber die Schmelzleistung des Ofens nachläßt.

Ein weiterer Ofen ähnlicher Bauart ist der „Acipco"-Heißluft-Schachtofen, der seit etwa 10 Jahren in verschiedenen Ausführungen in einer Großgießerei in Birmingham Ala. (USA.) mit gutem Erfolg betrieben wird. Nach den Betriebsergebnissen beträgt die Eisentemperatur im Vorherd etwa 1400° C, die Temperatur der Heißluft etwa 200° und die erzielte Koksersparnis 12% und mehr.

Das Ziel, im Schmelzgang des Schachtofens möglichst viel Sauerstoff (O_2) und Kohlensäure (CO_2) durch vorgewärmte Luft und deren Verteilung oder Umleitung durch Sonderdüsen zu erreichen, ist auch weiter von Fachleuten des In- und Auslandes erstrebt worden. Die Düseneinsätze wurden zum Teil recht verwickelt ausgebaut, so daß die Instandhaltung und Überwachung schwierig war, um den erhofften Erfolg, ein heißes Eisen ohne Änderung der Satzkoksmenge, mit Sicherheit zu erreichen.

Gelegentlich der überstaatlichen Tagungen der Gießereifachleute in Warschau-Krakau 1938 und in London 1939 wurden weitere Berichte über Schmelzverfahren mit Ausnutzung vorgewärmter Luft im Schachtofen gegeben, insbesondere sei dabei auf die Vorschläge von Ing. OLIVO, Mailand, und Prof. Dr. DAWIDOWSKI, Krakau, hingewiesen. OLIVO nimmt aus dem unteren Schachtteil noch brennbare, also kohlenoxydreiche Gase, und durch Injektorwirkung werden diese, mit Frischluft gemischt, dem Ofen wieder zugeführt. DAWIDOWSKI dagegen empfiehlt eine einfachere Anordnung, ähnlich der des WHITING-Luftvorwärmers, die lediglich eine Erwärmung der Gebläseluft in der Rohrleitung, welche durch eine Heizkammer geführt wird, in Vorschlag bringt. Ein Versuchsofen brachte gute Ergebnisse. Zur Zeit sind in namhaften Gießereien weitere Versuche mit Heißluftöfen im Gange.

Der Schachtofen nach Bauart FRAUENKNECHT soll eine Beeinflussung des Schmelzganges durch Umleitung der Verbrennungsgase zur Minderung des Abbrandes ermöglichen. Die heißen Gase gehen nicht durch den Schacht oberhalb

---

[1] Gießerei 1936 Heft 11 S. 264.

der Schmelzzone, sondern sie werden mittels Absaugerohre, die auch die Frischluft erwärmen, erst nahe der Beschickungsöffnung wieder in den Ofenschacht zurückgeführt. Über die praktischen Ergebnisse sind die Ansichten geteilt, allem Anschein nach befriedigen Schmelzleistung und Gleichmäßigkeit im erschmolzenen Eisen sowie Temperatur des Eisens an der Abstichrinne.

Bezüglich des Abbrandes im Schachtofen darf nicht übersehen werden, daß die Stückgröße des Eiseneinsatzes und auch die Stückgröße des Schmelzkokses von Einfluß auf die Höhe des Abbrandes ist. Es kommt auch darauf an, welche Eisenmischung (Gattierung) erschmolzen wird und welche Überhitzung des Eisens verlangt wird. Bei niedrigen Temperaturen, etwa 1300°, ist der Abbrand wesentlich geringer als bei 1500°. Versuche von BUZEK aus neuester Zeit mit Ostrauer Gießereikoks bestätigen diese Ausführungen, und andere Fachleute geben Ergänzungen über die Abbrandfrage[1].

Auch die Umstellung der Schachtöfen auf andere Brennstoffe, wie z. B. Kohlenstaub, flüssige oder gasförmige Stoffe anstatt Schmelzkoks, hat hin und wieder, wenn diese für Zusatzfeuerungen verwendet wurden, gewisse Erfolge gebracht, aber sie konnte nicht zum Vollbetrieb durchgesetzt werden. Nach wie vor bleibt der Schmelzkoks, d. h. der Gießereikoks, in ausgesuchter Güte, der ideale Brennstoff für den Schachtofenbetrieb, denn er widersteht allen Schwierigkeiten im Schmelzgang bei sparsamstem Verbrauch.

Deshalb ist es sehr zu begrüßen, wenn bezüglich der erforderlichen Eigenschaften des Gießereikokses in bezug auf Grobstückigkeit, Festigkeit, Dichte, Heizwert, niedrigen Wasser-, Schwefel- und Aschengehalt recht bald einheitliche Richtlinien über Abnahme und Prüfverfahren allgemeine Geltung erhalten und Beachtung finden (s. Abschn. 20).

Eine wesentliche Umstellung im Schachtofenschmelzen bedeutet das ZÖLLER-Verfahren (DRP.). Es ist gekennzeichnet durch die Ausnutzung des höchsten Temperaturgefälles zwischen Brennstoff und Schmelzgut; diese wird dadurch erreicht, daß jedesmal nur eine Eisengicht und unmittelbar auf ihr eine Satzkoksgicht aufgegeben wird (vgl. Abschn. 28 und 29). Erst wenn die letztere auf Weißglut geblasen ist, kann die nächste Eisengicht und Satzkoksgicht eingebracht werden. Aus diesem Grunde ist bei dem ZÖLLER-Verfahren im wesentlichen nur eine oder noch eine zweite schmelzende Eisengicht im Ofen, so daß die nutzbare Schachthöhe verhältnismäßig gering ist.

Das Verfahren kann unter gewissen Voraussetzungen im gewöhnlichen Schachtofen angewendet werden, wobei trotz der erheblichen abwechselnd entweichenden Gichtabhitze sich kein wesentlich höherer Koksverbrauch als beim üblichen Schmelzverfahren ergeben hat. Zweckmäßig wird jedoch die Abhitze irgendwie im Schachtofen nutzbar gemacht, wodurch, abgesehen von der erreichbaren größeren Schmelzleistung, ein geringerer Koksverbrauch bei sehr heißem Eisen erzielt werden kann.

Über die Ergebnisse der bisher in gewöhnlichen Schachtöfen durchgeführten Schmelzversuche berichtet der Erfinder des Verfahrens[2]. Hiernach können als bisher festgestellte Vorteile des Verfahrens angegeben werden:

1. Verwendbarkeit geringerwertigen Schmelzkokses, und zwar bezüglich Stückgröße, Festigkeit und Schwefelgehalt,

2. größere Schmelzleistung bei Erzielung eines hochüberhitzten Eisens,

---

[1] GERISCH: Abbrand im Kupolofen. Gießerei 1940 Heft 5. — A. KNICKENBERG: Praktische Winke für den Kupolofenbetrieb. Ebenda 1941 Heft 6 S. 123. — E. PIWOWARSKI: Kupolofenschmelzen mit Heißwind. Ebenda 1941 Heft 15 S. 333/34.

[2] Gießerei 1939 Heft 13 S. 336—339.

3. geringste Beeinflussung des Eisens durch den Koks und die Brenngase, besonders in bezug auf den Schwefelgehalt, deshalb

4. Erreichbarkeit höherer Festigkeiten im Eisen auch bei Verwendung geringerwertigen Einsatzes und

5. niedriger Gasgehalt der Schmelze und somit Erzielung eines dichten, hochwertigen Eisens bei geringstem Abbrand.

25. Sonderbauarten von Vorherden. In der Abb. 18 (S. 14) ist ein Schachtofen mit Vorherd und doppelter Düsenreihe dargestellt. Dieser Ofen dient insbesondere zur Erzeugung von Gußeisen unter Verwendung von Stahlzusätzen und ähnlichen Sondereisensorten, die für Formstücke mit großer Festigkeit in Frage kommen. Das Umlaufrohr zum Ofenschacht wird mit feuerfester Masse oder Schamottesteinen ausgesetzt und führt die vom Verbindungskanal zwischen Schacht und Vorherd nach dem Vorherd übertretenden Verbrennungsgase oberhalb der Schmelzzone wieder zum Schacht, ermöglicht also eine vollständige Verbrennung dieser Abgase und damit eine Temperatursteigerung des flüssigen Eisens. Je nach der Führung des Schmelzganges beträgt die Temperaturerhöhung bis 100°, die darauf zurückzuführen ist, daß zugeleitete Gebläseluft das in den Abgasen enthaltene Kohlenoxyd verbrennt und vielleicht auch noch ein kleiner Frischvorgang eintritt. Die Abb. 3 (S. 6) zeigt den Abstich eines solchen Ofens und läßt die hohe Temperatur des Eisens erkennen. Die Anordnung dieses Umlaufrohres ist bereits um die Wende des Jahrhunderts bekannt gewesen. In der Zeitschrift Stahl und Eisen und in amerikanischen Fachzeitschriften wurde darüber berichtet. Die Anordnung bedingt allerdings eine sorgfältige Herstellung der Vorherddecke aus hoch feuerfesten Baustoffen (DRP. 498447).

Abgesehen von den fahrbar angeordneten Vorherden oder Eisensammlern verschiedener Bauart sind nach den Erfolgen des WALTERschen Entschwefelungs- und Entgasungsverfahrens Sonderbauarten der Vorherde geschaffen worden, die trotz aller Patente nicht immer zu dauernden Erfolgen in bezug auf die Instandhaltung der Anlage und auf die ungestörte Durchführung des Verfahrens führten. Hierzu gehören auch die sogenannten Doppelvorherde mit Schlackenabscheider, die eine besonders sorgsame Wartung erfordern. Am besten bewährten sich die Vorherde mit räumlich getrenntem Eisen- und Schlackenablauf nebst Schlackenkasten, die seit vielen Jahren auch heute noch im In- und Auslande Anwendung finden. Aber, wie gesagt, diese Anordnungen verlangen eine sorgsame Bedienung von seiten des Schmelzers oder Abstechers. Dies gilt auch für die Anordnung des Eisenüberlaufs an der Abstichrinne zur Ableitung der Schlacke und für den seitlich am Ofen, also räumlich getrennt, angeordneten Schlackenablauf bei Verwendung eines fahrbaren Eisensammlers, der für das Entschwefelungsverfahren gut ausgewertet werden kann.

Diese Mehrarbeit oder stärkere Aufmerksamkeit des Schmelzers muß aber gefordert werden, wenn es sich darum handelt, hochwertiges Eisen zu erzeugen. Die notwendige Instandhaltung der Vorrichtung, besonders in bezug auf die Höhenlage des Eisen- und Schlackenüberlaufes, verlangt deshalb geschulte Ofenmannschaften, deren Tätigkeit vom Betriebsleiter oder Gießermeister genau zu beobachten ist.

26. Beheizen von Vorherden. Um die Vorherde vor dem Beginn des Schmelzganges gut vorzuwärmen und eine Abkühlung des ersten Eisens nach Möglichkeit zu vermeiden, werden, abgesehen vom üblichen Holz- oder Holzkohlenfeuer, auch Öl- oder Gasbrenner zum Vorwärmen angewendet. Es ist zweckmäßig, die Abstichöffnungen so lange offen zu lassen, bis durch die Schaulöcher der Düsen oder durch das Schauloch oberhalb der geteilten Vorherdtür das erste flüssige Eisen sichtbar ist, so daß auf diese Weise die Verbrennungsgase nicht nur den Schachtherd, sondern auch den Vorherd mit Abstichloch gut vorwärmen. Durch diese Maßnahmen zur Erwärmung der Vorherde und auch weil der Vorherd zur Nachbehandlung des erschmolzenen Eisens ausgewertet wird, ist eine gewisse Abneigung gegen die Anordnung der Vorherde wesentlich geringer geworden, eine Tatsache, die durch zahlreiche Patentanmeldungen auf diesem Gebiet in neuerer Zeit bestätigt wird.

Auf den elektrisch geheizten Vorherd für die Überhitzung des Eisens aus dem Schachtofen sei kurz hingewiesen. Die Versuche haben bisher nicht den erhofften Erfolg gebracht, es scheint so, als wenn das bekannte Doppelverfahren „Schachtofen-Lichtbogenofen" sich am besten bewährt; die nächste Zeit wird Klarheit bringen[1, 2].

III. Wartung und Betrieb der Schachtofen-Anlage.

A. Beschicken und Schmelzen.

27. Roh- und Hilfsstoffe für den Schmelzbetrieb. Von ausschlaggebender Bedeutung für den Erfolg der Schmelzung im Schachtofen ist die strenge Überwachung bei der Zuführung aller Roh- und Hilfsstoffe für die Erzeugung der jeweils in Frage kommenden Gußwaren, nicht zuletzt muß hier·auf die in den DIN-Blättern für Werkstoffe gegebenen Richtlinien hingewiesen werden.

An erster Stelle stehen für den Schmelzbetrieb das Roheisen mit den Eisenlegierungen (Ferro-, Silizium-, Mangan- und Phosphor-) und die Sonderzusätze an Nickel, Chrom, Titan, Vanadium, Aluminium u. a., soweit diese zur gegebenen Zeit zur Verfügung stehen und im legierten Gußeisen verlangt werden oder unentbehrlich sind. Als weitere Hilfsstoffe und Legierungszusätze sind seit langer Zeit die Legierungsbriketts (EK-Pakete) bekannt und in Anwendung, wenn es sich darum handelt, die Zusammensetzung des Eisensatzes zuverlässig zu beeinflussen. Kommt aber eine Ergänzung des Eisenbades in der Pfanne in Frage, dann werden andere Zusätze, wie z. B. Raffinationsbriketts nach WALTER oder H.W.-Pakete u. a. entsprechender Art verwendet. Einzelheiten hierzu gibt das Werkstattbuch Heft 19 „Das Gußeisen".

Die zweite Gruppe der Schmelzstoffe bilden das Gußbrucheisen, die Stahlabfälle und die Spänebriketts. Beim Gußbrucheisen ist streng zu unterscheiden, ob sogenannter Hausbruch (Eingüsse, Trichter, Fehlguß, Resteisen) oder Kaufbruch, d. h. fremder Bruch (Maschinenbruch, Kokillenbruch, Topfbruch u. a.) zur Verwendung kommt. Der Hausbruch ist bezüglich seiner Zusammensetzung zuverlässiger als der Kaufbruch, und es empfiehlt sich immer, vorsichtige Auswahl zu treffen, um Mißerfolge im Schmelzbetrieb und damit im Fertigguß zu vermeiden. Ein Auswählen d. h. Sortieren des Kaufbruches wird in der Regel notwendig sein, um so mehr wenn Brandguß und ähnliche Abfälle, die für den Schachtofenbetrieb nicht verwendet werden sollen, in den Waggons enthalten ist. Das gleiche gilt auch für verrostete dünne Stahlabfälle (Bleche); sie müssen im Schachtofen vermieden werden. Auch lose Eisen- und Stahlspäne gehören nicht in die Öfen, es sei dann, daß sie als kleine Briketts — im Stückgewicht von wenigen Kilo — zur Verfügung stehen.

---

[1] Es kann damit gerechnet werden, daß der 1941 gegründete Elektroofen-Ausschuß im Verein deutscher Gießereifachleute auch der Frage der Vorherdheizung volle Aufmerksamkeit schenken wird und neue Versuche durchführt.

[2] H. MÜLLER und H. JAHN, Sömmerda: Kontinuierliche Vorherdbeheizung. Gießerei Heft 14 v. 11. 7. 1941.

Über die Verwendung von fremdem Gußbruch (Kaufbruch) kann auf die diesbezüglichen Anordnungen der Wirtschaftsstelle hingewiesen werden. Nach. der Anordnung 20 vom 8. Oktober 1940 erließ die Reichsstelle für Eisen und Stahl eine zweite Neufassung betr. Gußbruchhöchstpreise. In dieser Anordnung § 1 sind auch die Gußbruchsorten angegeben, die als Grundlage für die Höchstpreise gelten. Diese Sortengrundlagen sind:

1. a) Bruch von Kokillen, Kokillenuntersätzen und Spannplatten, handlich zerkleinert,
b) desgl., jedoch unzerkleinert;
2. a) prima Maschinengußbruch, handlich zerkleinert, insbesondere starkwandige Stücke von Werkzeugmaschinen, sonstigen Maschinen (auch landwirtschaftlichen) und Motoren, im allgemeinen nicht unter 10 mm stark, Futterstücke, Waggonachsbuchsen (frei von Öl, Fett oder sonstigen Anhaftungen) und Schienenstühle, aber alles frei von Stahl- und Brandguß,, Schmiedeeisen und Emaille,
b) desgl., jedoch unzerkleinert;
3. a) Handelsgußbruch, handlich zerkleinert, insbesondere sauberer, starkwandiger Röhrengußbruch, Baugußbruch, schwachwandiger Bruch von landwirtschaftlichen Maschinen, Kanalisationsteile, Belagplatten und unverbrannte Feuerungsteile, unverbrannte Roststäbe, Gliederkesselbruch, Bremsklotzbruch, alles frei von Stahl- und Brandguß, Schmiedeeisen und Emaille,
b) desgl., jedoch unterkleinert;
4. reiner Ofen- und Topfgußbruch (reine Poterie), insbesondere unverbrannte Ofenteile, gußeiserne Radiatorenteile, dünnwandiger Röhrengußbruch, alles frei von Brandguß und Schmiedeeisen;
5. a) Hartgußbruch, handlich zerkleinert, insbesondere Hartgußräder, Hartguß-Polygonecken, Hartguß-Ziegeleimäntel oder Kollern, Hartguß-Verkleidungen (Platten), ausgenommen Hartgußwalzen (auch Kalander) und Hartgußrollen aller Art, alles frei von Stahlguß, Brandguß und Schmiedeeisen,
b) desgl., jedoch unzerkleinert.

Bezüglich der Sonderbestimmungen für Händler, Entfallstellen und Verbraucher sei auf die Einzelheiten der Anordnung[1] verwiesen. Weitere Angaben über die Zusammensetzung von Gußbruchsorten (Analysen usw.) brachte das Werkstattbuch Heft 19 „Gußeisen".

Hier sei noch im Anschluß an die Ausführungen über die Gußbruchsorten darauf hingewiesen, daß Stahlschrott, im Schachtofen zugesetzt, eine gewisse Aufkohlung erfährt. Bei Eisenmischungen mit größeren Stahlzusätzen für hochwertiges Gußeisen werden keine höheren Koksmengen notwendig als zur Schmelzung normaler Eisensätze ohne Stahl. Nur die zur Aufkohlung notwendige Kohlenstoffmenge an Koks ist also zuzuführen. Über die Wechselwirkungen zwischen Koks- und Luftmenge in bezug auf die zur Stahlzusatzschmelzung benötigten Temperaturen berichteten[2] bereits PIWOWARSKY und ACHENBACH.

Um ein klares Bild über Art und Menge der vorhandenen Eisenbestände vor Augen zu haben, muß man eine Lagerkarte führen, die monatlich abgeschlossen und je nach den Eingängen ergänzt wird. In der Regel trägt eine Tafel mit Lagernummer und Mengenangabe auch den Hinweis über Herkunft des Eisens und seine Analyse; diese Angaben sind im Lagerbuch wiedergegeben.

In bezug auf den Schmelzkoks gilt eine ähnliche Überwachung. Menge, Herkunft und die für einen einwandfreien Schmelzbetrieb erforderlichen Eigenschaften des Kokses sind jeweils festzulegen (vgl. Abschn. 20). Die Größe der Kokssätze muß auf jeden Fall, wenn die Menge nicht gewogen wird, doch gemessen werden; dies gilt ebenso für die Kalkstein- und Flußspatzusätze, deren Bemessung nicht dem Gutdünken der Setzer auf der Gichtbühne überlassen bleiben darf.

28. Zustellen, Anfeuern und Füllen des Ofens. Mit dem Herrichten der Herdsohle beginnt das Fertigstellen des Ofens für den Schmelzbetrieb. In allen

---

[1] Reichsanzeiger Nr. 236 v. 8. 10. 1940, S. 1···2 und Nr. 238 v. 10. 10. 1940, S. 1.
[2] Gießerei 1933 Heft 4.

Einzelheiten ist die Handhabung der Arbeitsvorgänge zur Sicherung der Schmelz-ergebnisse von Schmelztag zu Schmelztag und im Wechsel der vorhandenen Öfen gründlich zu überwachen. Es lohnt sich deshalb, der Arbeit des Ofenmaurers und des Schmelzers volle Beachtung zu widmen, um falsche Maßnahmen zu vermeiden und richtige Anordnungen zu treffen, um die verlangte Beschaffenheit in der Werkstoffgüte des Gußeisens zu erreichen.

Nach dem Fertigmachen des Abstichloches und des Schlackenabstiches werden Holzspäne von der hinteren Tür aus in den Ofenschacht geworfen und gleichmäßig auf dem Herd verteilt, dann etwas kleingespaltenes Holz nachgeworfen, worauf größere Holzstücke folgen. Nach Ordnung des Holzes schüttet der Schmelzer eine leichte Schicht Koks über das Holz, vermeidet dabei aber größere Hohlräume zwischen Koks und Holz. Hierauf folgt die zum Anheizen bestimmte Restmenge der Koksschicht, die mit einem Haken gleichmäßig geebnet wird. Die Öffnung der Gichttür wird nunmehr mit Koksstücken geschlossen und das Holz angezündet. Die Düsen bleiben aber offen, denn sie liefern die benötigte Verbrennungsluft, wenn die Gichttür völlig geschlossen ist.

Macht sich das Feuer in der obersten Koksschicht bemerkbar, so wird der letzte Koks aufgeworfen. Bei größeren Öfen ist es wichtig, daß die Koksoberfläche mög-lichst ausgeebnet liegt.

Das Anfeuern des Ofens kann auch durch einen Ölbrenner erfolgen, doch muß darauf geachtet werden, daß der Füllkoks bis zur Weißglut erhitzt wird, es ist dabei nicht notwendig, auch das Mauerwerk unnötig vorzuwärmen. Bei der Verwendung der Ölbrenner bildet der Schmelzer in der Regel in der Koksmenge Kanäle, so daß ein günstiges Entzünden des Kokses unter Wirkung von Stichflammen rasch er-folgen kann. Ein Nachteil der Ölbrennerzündung ist die unvermeidliche Rauch-entwicklung, die allerdings durch sorgfältige Einstellung des Brenners gemindert werden kann.

Nach der Entzündung des Anheizkokses wird der Füllkoks in den Ofen ge-worfen, und zwar wie bereits erwähnt, ausgesuchter bester Koks in möglichst gleicher Stückgröße. Vor dem Beginn des Setzens soll der Füllkoks etwa 600 mm über Düsenoberkante reichen. Bei bestem hartem Koks wird aber schon eine ge-ringere Füllkoksmenge genügen, die genaue Lage der Schmelzzone hängt jedenfalls von Art und Anordnung der Düsen und von den zugeführten Luftmengen ab, die für jeden Ofen durch eingehende Versuche leicht ermittelt werden können. Jeden-falls ist durch eine Beobachtung des Schmelzbeginnes leicht festzustellen, ob die Höhe der Füllkoksschicht zu hoch oder zu niedrig war. In der Regel dauert es 3 bis 6 Minuten, bis das erste flüssige Eisen in Erscheinung tritt. Kommt das Eisen zuerst rasch zum Schmelzen und bleibt es gleichzeitig verhältnismäßig matt, so ist die Füllkoksschicht für die nächste Schmelzung niedriger zu nehmen. Fließt das Eisen dagegen langsam und zugleich matt, so erfolgte die Schmelzung erst an der unteren Grenze der dem Ofen eigenen Schmelzzone; die Füllkoksschicht für die nächste Schmelzung ist zu erhöhen. Schroffe Veränderungen in der Füll-koksbemessung sind jedoch zu vermeiden.

Von besonderer Bedeutung ist auch noch, ob der Ofen neu ausgemauert oder bereits von vorhergegangenen Schmelzungen ausgebrannt ist. Jedenfalls muß die Menge des Füllkokses richtig angepaßt werden. Die richtige Füllkoksmenge hängt vor allem von der Höhenlage der Düsen über der Herdsohle ab. Hier wird in vielen Fällen gefehlt und nutzlos Koks verbrannt. Bei Öfen ohne Vorherd können die Düsen möglichst tief angeordnet werden, um so mehr, wenn es sich um Öfen handelt, deren Abstichloch ständig offen bleibt, das geschmolzene Eisen also in einer Verteilerpfanne vor dem Ofen gesammelt wird. Im Normenblatt-

Entwurf für Gießerei-Schachtöfen DIN E 6920 sind die Abmessungen für die Düsenlage in Schachtöfen mit und ohne Vorherd eingetragen, so daß die Möglichkeit vorliegt, durch genaue Beobachtungen der Schmelzvorgänge die Richtigkeit der gegebenen Zahlen von Fall zu Fall zu überprüfen.

Für die Herstellung von kohlenstoffarmem Eisen empfiehlt sich immer der Schachtofen mit angebautem Vorherd.

Über das Füllen der Öfen oder das Setzen in bezug auf die Bemessung der Eisen- und Kokssätze bildet die Tabelle 7 eine gewisse Grundlage. Es handelt sich zunächst um Durchschnittswerte, denn sowohl die richtige Satzgröße als auch die Lage und Höhe der Schmelzzone wird mehr oder weniger von der Brauchbarkeit des zur Verfügung stehenden Kokses und vom verlangten Überhitzungsgrade des erschmolzenen Eisens abhängen. In jedem Fall sind also Versuche notwendig, um die genauen Angaben von Fall zu Fall festzulegen.

Tabelle 7. Schmelzergebnisse eines Schachtofens 1100 mm l. Durchm. mit Vorherd.

4 Schmelztage:	1	2	3	4
Eingesetzte Eisenmenge, in 3 Gattierungen, auch mit Stahlzusatz . . . . kg	44 300	43 100	47 600	40 500
Gewicht des Eisensatzes . . . . kg	600	600	600	600
Schmelzdauer . . . . min	325	335	350	310
Schmelzleistung je Stunde . . . . kg	8 705	8 320	8 700	7 880
Füllkoksmenge . . . . kg	725	725	725	725
Satzkoksmenge . . . . kg	5 180	5 040	5 600	4 750
„ bezogen auf Eisenmenge . . %	11,90	12,00	11,95	12,00
Restkoks zurückgewonnen . . . . kg	590	580	570	595
Abstichtemperaturen (im Mittel) . . . . . °C	1440	1430	1450	1460

Bemerkt sei aber, daß kleine Eisensätze sich nicht immer gleichmäßig über den ganzen Schachtquerschnitt verteilen und dadurch ein ungleichmäßiges Abschmelzen der Beschickungssäule mit sich bringen. Je kleiner der Eisensatz, um so teurer wird auch die Begichtung, während bei zu großen Eisensätzen zeitweise Schwankungen in der Höhenlage der Schmelzzone auftreten, so daß es vorkommen kann, daß ungeschmolzene Eisenstücke bis zu den Düsen gelangen und dort angebrannt oder angeschmolzen werden.

Über den Schmelzvorgang sei noch kurz folgendes gesagt. Oberhalb der Düsen wird glühender Koks von der Gebläseluft getroffen, der Kohlenstoff des Kokses verbrennt zu Kohlensäure, die Temperatur steigt an und erreicht einen Höchstwert in der Zone, wo nach vollkommenem Verbrauch des zugeführten Luftsauerstoffes die größte Menge an Kohlensäure vorhanden ist. Oberhalb dieser Zone findet unter dem Einfluß des dort vorhandenen Kokses eine Reduktion der Kohlensäure zu Kohlenoxyd statt ($CO_2 + C = 2\,CO$), wodurch Wärme gebunden und die Temperatur in diesem Teil des Ofens herabgesetzt wird. Die Zone des höchsten CO_2-Gehaltes liegt etwa $150 \cdots 200$ mm oberhalb der Düsenoberkante. Der Raum zwischen der Düsenoberkante und der Zone des höchsten Kohlensäuregehaltes wird Schmelzzone genannt. Seine Höhe hängt von der Geschwindigkeit der zugeführten Luft und der Koksbeschaffenheit ab, die Luftgeschwindigkeit von der Luftmenge und dem Ofenquerschnitt. Die Anordnung der Düsen muß stets eine gleichmäßige Verteilung der zugeführten Luft möglichst über den ganzen Ofenquerschnitt gewährleisten, demnach hängt die Höhe der Schmelzzone von der Luftmenge, dem Ofenquerschnitt und der Güte des Kokses ab.

Unter der Voraussetzung, daß der Abstand zweier Düsenreihen etwa 300 mm nicht übersteigt, erhöht sich die Schmelzzone. Die zweite Düsenreihe bewirkt, falls auch eine größere Luftmenge zugeführt wird, also nicht die vorhandene Luftmenge sich auf zwei Düsenreihen verteilt, daß die Verbrennung einer größeren Koksmenge in der Zeiteinheit und eine größere Schmelzgeschwindigkeit eintritt. Koksersparnisse lassen sich also durch eine zweite Düsenreihe nicht erzielen, es ergibt sich aber manchmal etwas heißer erschmolzenes Eisen. Aber bei zwei Düsenreihen wird das Ofenfutter stärker abgeschmolzen. Es ist also eine Rechnungssache, ob die durch rascheres Schmelzen erzielten Lohnersparnisse die Kosten für Ausbesserungen und vorzeitige Neuausmauerung des Futters in der Schmelzzone aufwiegen. Wenn aber ein Schmelzbetrieb auf minderwertigen Koks angewiesen ist, der an sich die Schmelzzone erhöht, könnte eine zweite Düsenreihe, 200···300 mm über der ersten Düsenreihe angeordnet, gewisse Vorteile bringen.

Bei richtiger Bemessung der Füllkókshöhe und des Zeitpunktes des Schmelzbeginnes kommt der erste Eisensatz stets zur rechten Zeit in die Schmelzzone, deshalb muß die Schmelzkoksmenge so bemessen werden, daß bei den folgenden Sätzen der Raum der Schmelzzone ausgefüllt ist. Vom Schmelzkokssatz hängt also in erster Linie die Eisensatzgröße ab, und es ist falsch, den ersten Eisensatz mit Rücksicht auf den in heller Glut befindlichen Füllkoks größer als die nachfolgenden Sätze zu machen. Der Füllkoks hat nur die Aufgabe, die Schmelzkokssäule zu tragen und sie vor Beginn des Schmelzens zugleich mit dem Ofenschacht vorzuwärmen, darüber hinaus hat er keinen Einfluß auf den Schmelzverlauf. Es ist deshalb wichtig, für den Füllkoks möglichst dichten, schweren Koks einzubringen[1].

29. Aufgeben der Eisen-, Koks- und Kalksteinsätze. Nach Aufgabe des Füllkokses in richtiger Stückgröße und gleichmäßiger Verteilung kommt zunächst der kleinste Gußbruch in den Ofen, um ein Einsinken der Füllkoksunterlage durch zu schwere Stücke zu vermeiden. Nach dem Gußbruch in leichterem Gewicht kommen die schwereren Stücke und das Roheisen in üblicher Größe. Wenn auch die ersten Sätze bezüglich der Lage des Eisens im Ofen nicht genau aufgegeben werden können, soll aber nach Möglichkeit nach Füllung des Ofens größte Sorgfalt beim Einbringen der Gicht geübt werden. Das Roheisen wird in der Regel von Hand oder mit einem Masselbrecher zerkleinert, es darf nicht vorkommen, daß ganze oder halbe Masseln aufgeworfen werden. Auf den ausgeglichenen Eisensatz kommt dann jeweils der Kokssatz, ebenfalls ausgesucht in gleichgroßen Stücken, vielleicht 2 bis 4 Faust groß. Das Ausgleichen des Kokssatzes ist leicht zu bewirken und sollte nie versäumt werden.

Nach dem Beginn des Schmelzens ist darauf zu achten, die Höhe der Schmelzsäule einzuhalten, sie soll möglichst nicht unter die Gichtöffnung sinken, so daß ein genaues Setzen durchgeführt werden kann. Es ist zweckmäßig, die Sätze nicht während des Schmelzens zusammenzustellen, sondern bei Klein- und Mittelbetrieben sämtliche Eisensätze ausgewogen in nächster Nähe des Ofens bereit zu haben. Dies gilt besonders dann, wenn verschiedene Eisensätze im Wechsel aufgegeben werden müssen. Alles Eisen muß genau gewogen werden, auch der Koks sollte gewogen werden, aber wenn er in Drahtkörben, genau gemessen, zur Hand ist, genügen hin und wieder Stichproben, daß mengen- und gewichtsmäßig genau gearbeitet wird. Eine Ausnahme kann bei den Kalksteinzusätzen gestattet sein, aber auch hier ist es notwendig, stets die gleiche Menge dem Eisensatz zuzugeben, es muß vermieden werden, den Kalkstein nach Gutdünken, 1, 2 oder 3 Schaufeln voll aufzuwerfen.

---

[1] In einigen Gießereien wird im Schachtofenbetrieb, bei der Herstellung von Temperguß und Kleinkonverter-Stahlguß, neben dem Füllkoks auch noch „Anwärmkoks" in erheblicher, oft unnötiger Menge zugegeben, Diese Brennstoffvergeudung kann durch genaue Überwachung der Schmelzstoffe und des Schmelzganges vermieden werden,

Mit besonderem Verständnis hat das Setzen großer Brucheisenstücke zu erfolgen. Es ist nicht gut, große Bruchstücke unmittelbar auf den Füllkoks zu bringen, sondern erst nach einer größeren Zahl von Sätzen, wenn der Ofen gut vorgewärmt ist, dürfen große Bruchstücke in die Schmelzzone gelangen. Es ist also immer wieder zu empfehlen, Maschinenbruch usw. im Fallwerk ofenrichtig zu zerkleinern[1].

Bezüglich der Menge des Kalkzuschlages sei noch erwähnt, daß hier die Güte der Kalksteine ausschlaggebend ist, reiner Kalkstein mit höchstem Gehalt an Kalziumoxyd (CaO) hat die beste Wirkung, denn dieser schmilzt unmittelbar nach dem Eintritt in die Schmelzzone. Auch manche Marmorsorten bilden infolge ihrer Reinheit ausgezeichnete Zuschlagsmittel. Kalksteinzuschläge kommen erst in Mengen von 25 bis 50 % des Koksgewichtes zur vollen Wirkung, sie geben dann eine leichtfließende Schlacke. Bei Zusätzen von 30 und mehr % Kalk ergeben sich die geringsten Verluste durch Verschlackung des Eisens.

Bei Flußspat als Zusatz muß auf möglichste Reinheit geachtet werden. Er wird nur mit Kalk gemengt verwendet, und zwar am günstigsten 2 Teile Kalk und 1 Teil Flußspat. Die Stückgröße soll nicht übertrieben werden, sie muß unter Faustgröße bleiben. Dabei ist es gleichgültig, ob die Zuschläge auf den Koks oder auf das Eisen gesetzt werden, es ist aber zweckmäßig, die Hauptmenge in die Mitte des Schachtes zu werfen, damit das Mauerwerk geschont wird. Auf den Füllkoks kommt kein Zuschlag in Frage.

30. Schmelzbeginn und Schmelzverlauf. Mit dem Setzen wird begonnen, wenn das Anheizfeuer gut durchgebrannt ist. Der Ofen bleibt mit seiner vollständigen Füllung einige Zeit stehen, bevor durch Zulassen der Gebläseluft das Schmelzen seinen Anfang nimmt. Ein zu früher Schmelzbeginn bewirkt anfangs mattes Eisen und langsameres Schmelzen, diese Erscheinungen können meist erst nach vielen Sätzen ganz überwunden werden. War aber der Füllkoks bei Beginn des Setzens noch nicht gründlich in helle Glut geraten, pflegt der Schmelzgang während der ganzen Dauer nicht zu befriedigen. Es ist also oft notwendig, den gefüllten Ofen 1 bis 2 Stunden stehen zu lassen, bevor das Gebläse angestellt wird. Ein Brennstoffverlust kann während des Stehenlassens des gefüllten Ofens nicht eintreten, wenn abgesehen vom Abstichloch wenig Luft zutritt. Einige Düsen bleiben deshalb während des Stehenlassens des gefüllten Ofens geschlossen. Das gründliche Durchbrennen des Füllkokses soll also ohne künstliche Nachhilfe erreicht werden und wenn der Koks vor sämtlichen Düsen zur Hellrotglut gelangt ist, kann das Anlassen der Gebläseluft erfolgen. Das Abstichloch kann aber offenbleiben, bis das erste Eisen auszulaufen beginnt. Dann wird das Abstichloch mit einem sandhaltigen Lehmstopfen geschlossen.

Bei Öfen mit angebautem Vorherd fällt diese Maßnahme in der Regel fort. Es genügt beim Vorherd, durch die Öffnung des Schauloches zu beobachten, ob das Eisen läuft, und dann das Abstichloch zu schließen. Bei genügender Vorwärmung und nicht zu frühem Anlassen des Gebläses kann mit ziemlicher Sicherheit bestimmt werden, wann sich die benötigte Eisenmenge im Herd gesammelt hat. Das erste Eisen gibt allerdings einen Teil der Wärme an den Herd und an die Abstichrinne ab und beim Vorherd oder Eisensammler ist damit zu rechnen, daß das erste Eisen nicht die verlangte Temperatur hat, doch schon nach wenigen Minuten wird das Ergebnis besser, und wenn keine Ofenstörung vorliegt, erreicht das Eisen sehr bald die richtige Temperatur.

Je nach dem Betrieb und der Art der Eisenverteilung kann der Abstich ständig offen oder zeitweise geschlossen bleiben. Der ständige Eisenlauf hat allerlei Vor-

---

[1] Dasselbe gilt für die Aufgabe der Stahlschrottzusätze, besonders für den Kleinkonverterbetrieb!

züge, die auch der Anwendung des Vorherdes zugute kommen. Im Vorherd bleibt das Eisen in seiner chemischen und physikalischen Zusammensetzung reiner und treffsicherer. Bei ständigem Eisen- und Schlackenablauf kann auch mit einem regelmäßigen Niedergehen der Schmelzsäule gerechnet werden. Wird das Eisen bei vorherdlosen Öfen im Herd gesammelt, so wird der Füllkoks nach oben gedrückt und dort mit einer Verzögerung des Schmelzens vorzeitig verbrannt. Erfolgt dann der Abstich der gesammelten Eisenmenge, so sinkt die Schmelzsäule rascher nieder, Eisen und Koks kommen ungenügend vorgewärmt in die Schmelzzone, so daß der Ofen versagt, als wenn er ungenügende Füllkoksmenge erhalten hätte (vgl. Abschn. 33).

Die sich ergebenden Mißstände können durch Beobachtung der Düsen leicht erkannt werden, denn bei Beendigung eines größeren Abstiches kommen im vorherdlosen Ofen dunkle Koksbrocken und ungeschmolzene Eisen- und Kalkstücke an den Düsen vorbei; die Folge ist matter erschmolzenes Eisen. Durch einige rasch hintereinander folgende kleinere Abstiche kann dem Übel abgeholfen werden. Eine größere Menge Eisen läßt sich nur im Vorherdofen wärmer erhalten als in der Gießpfanne, es sei denn, daß die Sammelpfanne mit einem Ölbrenner versehen ist oder durch eine Sonderbauart vor Abkühlung geschützt werden kann; auch eine Holzkohlenschicht ermöglicht eine wärmeschützende Decke.

Das Abfangen des Eisens vom ununterbrochenen Strahl setzt eine Eignung des Betriebes voraus, auch der Gießer muß eine gewisse Schulung in der Handhabung kleiner Gießpfannen haben. Wo dies nicht der Fall ist, und wo Eisen in ständig wechselnden Mengen verlangt wird, kommt der Vorherd in Frage oder die erwähnte Sammelpfanne als Verteiler. Im Ofen ohne Vorherd ist nur bei kleinen Abstichen ein stets gleichmäßig heißes Eisen möglich. Die mit einem Abstich entnommene Eisenmenge sollte das Gewicht eines Eisensatzes nicht übersteigen.

Das Abstechen erfolgt mit einer etwa $15 \cdots 25$ mm Rundeisenstange von 2 bis 3 m Länge, mit scharfer Spitze und Handgriff. Falls die Öffnung des Stichloches mit dem Hammer erweitert werden muß, ist noch ein kleines, etwa $^3/_4$ m langes Eisen mit scharfer Spitze notwendig, daß am andern Ende zu einem Haken umgebogen ist, um es zurückziehen zu können. Für Abstiche von wesentlich verschiedenen Eisenmengen sind Eisen von entsprechenden Durchmessern bereitzuhalten. Vor jeder Schmelzung alle Werkzeuge nachsehen und herrichten! Schmiedefeuer und Amboß müssen in der Nähe sein, am besten eine kleine Werkstatt neben der Schmelzanlage, denn an Instandhaltungsarbeiten fehlt es nie.

Der Abstecher wie sein Ersatzmann müssen für die Werkzeuge sorgen und sie stets in Ordnung halten und zwar in greifbarer Nähe am Ofen, nicht am Boden, sondern aufgestellt.'

Wenn das Eisen ausgelaufen ist und sich Schlacke zeigt, ist die Abstichöffnung sofort mit einem Lehmstopfen zu schließen. Hierzu dient die Stopfenstange aus Holz. Auch von diesen müssen einige vorrätig gehalten werden, denn der Stopfen fällt leicht ab. Das Abstechen wie das Schließen des Abstiches verlangt eine gewisse Übung, es ist deshalb sehr wünschenswert, daß in Notfällen Ersatzmänner zur Verfügung stehen, die mit den Ofenwerkzeugen umgehen können. Anfänger werden leicht unruhig, sie treffen den Eisenstrahl zu frühzeitig oder verpassen das Loch, so daß nach allen Seiten Eisen verspritzt.

Für den Stopfen (Abb. 41 und 42) dient eine Mischung von blauem und gelbem Ton, auch feuerfester Ton und Formsand kommt in Frage. Je nach Größe der Eisenmenge muß der Stopfen mehr oder weniger fest sein. Mechanische Abstichvorrichtungen siehe Abschn. 8.

Vor Inbetriebsetzung des Ofens ist das Abstichloch mit Graphitpulver auszureiben. Sobald das erste Eisen erscheint, wird das Loch mit Formsand ausgestopft. Zum ersten Abstich räumt man diesen Sand mit einem leichten meißelartigen Eisen gänzlich weg, wobei auf Schonung des ursprünglichen aufgeriebenen Graphitbezuges zu achten ist. Die mechanische Einrichtung tritt dann beim erstmaligen Verschlusse in Tätigkeit. — Da ein Stopfer wiederholte Abstiche und Verschlüsse aushalten soll, muß er aus einer Masse bestehen, die trotz der hohen Wärmebeanspruchungen längere Zeit eine gewisse Bildsamkeit bewahrt.

Von besonderer Bedeutung für jeden Gießerei-Schachtofen ist das Abschlacken mittels Schlackenabstich. Entsprechend der Menge der sich bei einer Schmelzung ergebenen Schlacke ist an jedem Ofenschacht oder Vorherd ein Schlackenablauf angeordnet (vgl. Abschn. 8). Ganz besonders in neuerer Zeit, seit Einführung des Walterschen Entschwefelungsverfahrens für die Herstellung von hochwertigem Gußeisen, wird der Entschlackung größere Aufmerksamkeit geschenkt.

Je nach der Kalksteinmenge, dem Abbrand an Ofenfutter und sonstigen zur Verschlackung kommenden Sand- und Aschenteilen am Roheisen und Gußbruch usw. beträgt die Schlackenmenge etwa 8 bis 10 % des eingesetzten Eisens, also eine erhebliche Menge, die im Gießereibetrieb recht lästig werden kann und Kosten verursacht.

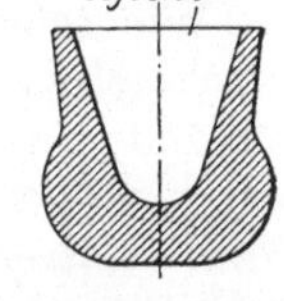

Abb. 41 und 42.
Stopfenform
und Stopfen
(IRRESBERGER).

31. Luftbedarf und Luftmengenmessung. Ein gleichmäßig sicherer Schmelzgang erfordert eine ausreichende, über den ganzen Querschnitt des Ofenschachtes verteilte Verbrennungsluftmenge. Der Verlauf der Schmelzvorgänge ist zunächst von dem Gewichtsverhältnis zwischen den Eisen- und Kokssätzen und dann von der Geschwindigkeit, mit der die Gebläseluft und die daraus entstehenden Verbrennungsgase durch die Verbrennungs- und Schmelzzone hindurchgehen, abhängig. Luftüberschuß bewirkt starken Abbrand, beansprucht das Ofenfutter und benötigt höheren Kraftbedarf, aber bei Luftmangel ist die Verbrennung wesentlich ungünstiger, höherer Koksverbrauch und weniger heißes Eisen sind die Folge.

Im Laufe der Zeit konnte an Hand der technischen und wirtschaftlichen Ergebnisse in vielen Schmelzbetrieben ein Mittelweg geschaffen werden, der annähernd normale Werte für die Luftmengenbemessung als Unterlage gibt. Die gefundenen Werte sind in der Tabelle 8 zusammengestellt (vgl. Abb. 36, S. 23).

Jedem Schachtofenquerschnitt entspricht eine bestimmte oder normale Luftmenge, die einzuhalten ist. Dabei ist nicht zu übersehen, daß das Futter des Schachtofens an jedem Schmelztage, besonders nach dem neuen Aufsetzen oder Ausstampfen des Ofens wieder ausschmilzt, also in der Verbrennungs- und Schmelzzone nach und nach einen größeren Durchmesser erreicht, der dem lichten Durchmesser des nächstgrößeren Ofens entspricht oder nahekommt, so daß die Gesamtluftmengen angepaßt werden müssen. Auf Grund dieser praktischen Erfahrungen und weitgehenden Untersuchungen, wobei nicht zuletzt die Arbeiten von J. BUZEK dankbare Beachtung verdienen, wurde für je 1 m² lichten Schachtquerschnitt einschließlich der Verluste im Ofen und in der Rohrleitung eine Luftmenge von 120 m³ und dementsprechende Gebläseleistung festgelegt (Tabelle 8). Wird also einem Schachtofen in der Minute eine feststehende Luftmenge zugeführt, so kann in ihm in der gleichen Zeit eine unveränderliche Koksmenge gleicher Güte und Größe verbrannt werden. Je rascher der Koks verbrennt, um so höher steigt die Temperatur in der Schmelzzone und um so heißer wird das erschmolzene Eisen.

Tabelle 8. JAEGER-Gebläse für Gießereibetriebe.

| L. Ofenweite | Schmelz-leistung | Luftmenge | Kreiskolbengebläse | | | Turbinen-Gebläse | | |
| | | | Luftdruck | n | PS | | n | PS |
mm	t/h	m³/min	mm WS			mm WS		
500	1	15	350	810	2,6	400	2800	2,3
		25	400	700	3,6	450	2850	4,5
600	2	30	410	830	4,2	470	2900	5,0
		40	470	575	6,4	525	2900	7,1
800	4	60	550	360	9,5	610	2900	12,5
		75	610	305	13,2	680	2900	16,2
1000	6	80	680	360	18,0	760	2900	21,7
		110	760	455	24,0	840	2900	28,5
1200	9	135	810	365	32,0	900	2900	37,0
		155	900	415	37,5	1000	2900	48,0
1400	12	180	950	375	48,0	1050	2900	58,0
		205	1050	285	60,0	1150	2900	71,5

Wie schon bemerkt, ist die Ofenleistung, d. h. Menge und Temperatur des erschmolzenen Eisens von der Güte des Schmelzkokses abhängig, aber auch durch Veränderung der dem Ofen zugeführten Luftmenge läßt sich in gewissen Grenzen ein günstiger Einfluß auf die Schmelzung ausüben. Es muß aber den wechselnden Verhältnissen im Ofengang Rechnung getragen werden, wie z. B. dem freien Querschnitt der Düsen, Zusammensetzung und Höhe der Beschickungssäule, auch den zu erzeugenden Gußwaren, ob einfacher Handelsguß oder hochwertiges, kohlenstoffarmes Gußeisen erschmolzen werden soll, um den vollen Erfolg zu sichern.

Die also von Fall zu Fall notwendigen Änderungen in der Luftzufuhr müssen deshalb durch eine **Kontrolle der Luftmenge und Beobachtung der Überdrücke** im Ofen und in der Rohrleitung überwacht werden. Die Veränderungen, die der Luftmengenbedarf der Schachtöfen von Fall zu Fall erfahren kann, sind also von der Anpassung der Drehzahl der Gebläse oder ihrer Antriebsmotoren gesetzmäßig abhängig. Richtige Bemessung des Ofenschachtes und der Luftzuführung, bei sorgsamstem Betrieb, sichern den Erfolg jeder Schmelzung[1]. Bei sonst gleichbleibenden Verhältnissen zeigt eine Änderung des Luftdruckes im Ofen, daß im Verlauf des Schmelzganges oder in der Leistung des Gebläses Mängel vorliegen. Es ist deshalb üblich, durch ein am Ofen angebrachtes Manometer den **statischen Druck** zu bestimmen.

Der statische Druck kann am einfachsten mit einem unmittelbar am Ofen angebrachten Druckmesser, in Form eines U-Rohres überprüft werden (Abb. 43). Das Rohr wird mit Wasser gefüllt, mittels Gummischlauch angeschlossen und an der mm-Teilung der Druck abgelesen. Der Luftdruck ist in der Hauptsache vom lichten Durchmesser des Ofenschachtes abhängig, je größer dieser, desto höher muß der Druck sein, weil der ganze Querschnitt des Schachtes gleichmäßig mit Luft zu versorgen ist. Bei einer Luftmenge von etwa 100 m³ je m² Schachtquerschnitt steigt der

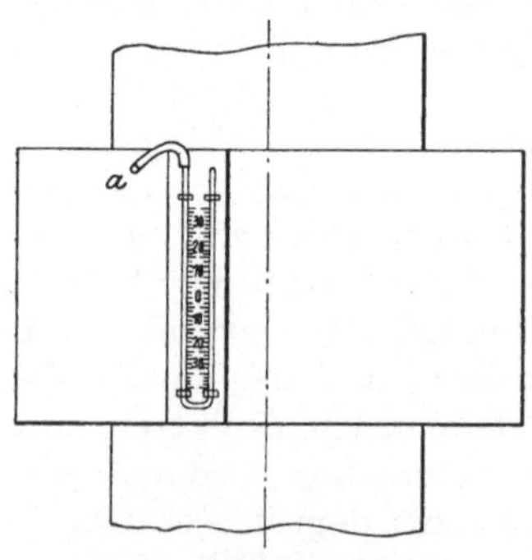

Abb. 43. Einfacher Luftdruckmesser (IRRESBERGER).

---

[1] Wenn die Drehzahl des Gebläses nicht beeinflußt werden kann, sind Drosselklappen oder Absperrschieber in der Rohrleitung ein gutes Hilfsmittel, den Schmelzgang im Ofen günstig zu regeln.

Druck von etwa 260 mm Wassersäule bei 500 mm lichtem Durchmesser auf über 800 mm bei 1400 mm lichtem Durchmesser.

Die Feststellung des statischen Druckes gibt aber nur wenige Anhaltspunkte für die Beurteilung der dem Ofen zugeführten Luftmenge. Zeigt sich irgendein Hindernis oder ein Widerstand im Ofen, wie z. B. Verschlackung der Düsen, Störungen im Niedergehen der Schmelzsäule, dann bleibt beim Kreiskolben- oder Kapselgebläse die zuströmende Luftmenge gleich, aber der statische Druck geht in die Höhe, während bei Verwendung eines Schleudergebläses keine Druckänderung eintritt, die Windmenge aber zurückgeht. Es ist also notwendig, auch den dynamischen Druck, d. i. den Unterschied zwischen Gesamtdruck und statischem Druck, und durch ihn die dem Ofen ständig zugeführte Luftmenge zu bestimmen, weil sonst zuverlässige Schlüsse in bezug auf den Schmelzverlauf und die Leistung der Gebläse nicht gezogen werden können.

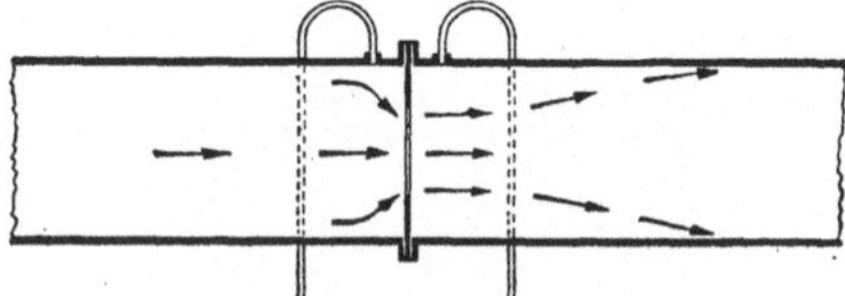

Abb. 44. Staurand-Luftmengenmesser.

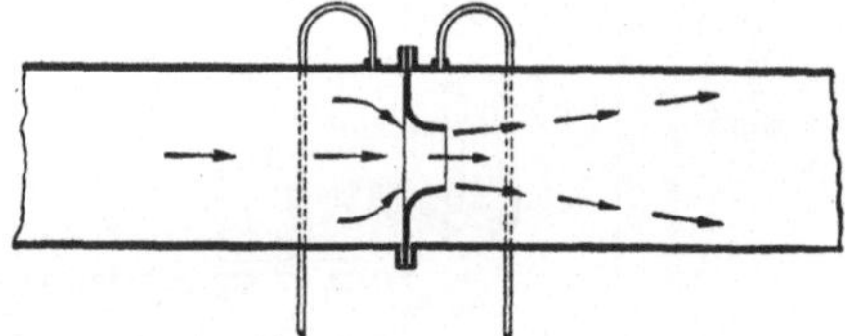

Abb. 45. Luftmengenmesser mit Düse.

Die Luftmengenmessung erfolgt in der Regel in der Luftleitung, und sie ist nur richtig, wenn diese und der Luft- oder Windkasten mit den Schaulöchern am Ofen auch möglichst luftdicht schließen. Es empfiehlt sich deshalb, auch gewisse Vorschriften für die Anlage der Rohrleitung mit den Absperrorganen zu beachten. Die Geräte zur Messung der Luftmenge beruhen auf der Feststellung der Druckunterschiede, die von der Luftgeschwindigkeit und damit auch von der Luftmenge, die durch die Rohrleitung strömt, abhängen. Gebräuchlich sind der Staurand (Abb. 44), die Staudüse (Abb. 45), das Pitot- oder Prandtl-Rohr (Abb. 46) und das Venturi-Rohr (Abb. 47). Der Staurand wird am meisten verwendet, diese Ausführung ist nach DIN 1952 genormt, ebenso die Staudüse ist als deutsche Normdüse 1930 nach DIN 1952 festgelegt.

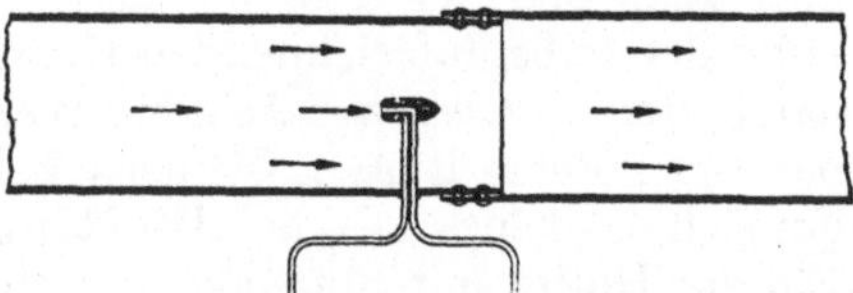

Abb. 46. Prandtlsches Staurohr (Pitot-Rohr).

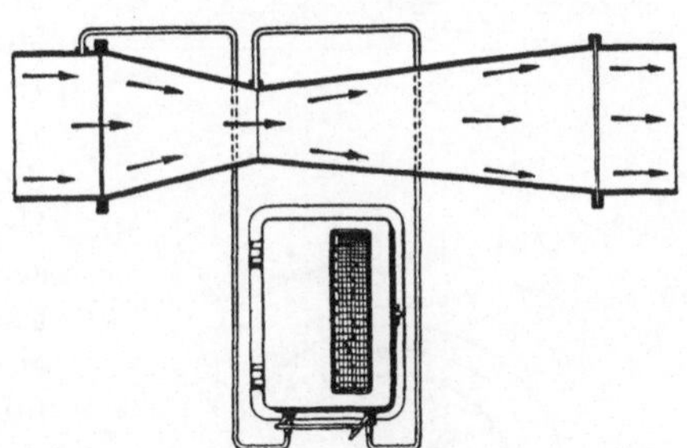

Abb. 47. Venturi-Rohr mit Differentialdruckschreiber.

Abb. 44—47. 4 Skizzen zu Luftmengen-Meßgeräten, Bauart Askania.

Das Pitot-Rohr dient zum Messen des dynamischen Druckes, den die strömende Gebläseluft auf eine zur Stromrichtung senkrecht stehende Fläche ausübt. Es hat den Vorzug, daß es sich in jede Luftleitung leicht einsetzen läßt, doch ist es schwierig, die Zone der durchschnittlichen Luftgeschwindigkeit immer zu treffen, außerdem verschmutzt die Öffnung des Rohres auch leicht. Bezüglich der genormten Ausführung des Staurandes sei auf die Regeln für die Durchflußmessung mit genormten Düsen und Blenden hingewiesen[1]. Die Stauscheibe wird zwischen zwei Flanschen eingeschaltet,

---

[1] VDI-Verlag Berlin, DIN 1992, 2. Aufl. 1932.

und der Druckunterschied vor und hinter dem Staurand ermittelt. Dieser Druckunterschied ist proportional dem Quadrat der Geschwindigkeit. Auch die Staudüse gibt bei derselben Errechnungsart gleich brauchbare Werte. Wie der Staurand und die Staudüse, so arbeitet auch das VENTURI-Rohr, aber die Anordnung ist teurer. Zwecks Überwachung der geregelten Luftzufuhr sind die Rohrleitungen stets im freien Raum, also nicht im Boden anzuordnen.

Die Art der U-Glasrohre ist bei allen Geräten ähnlich. Daran kann man jede Schwankung der dem Ofen zugeführten Luftmenge sofort erkennen, erhält

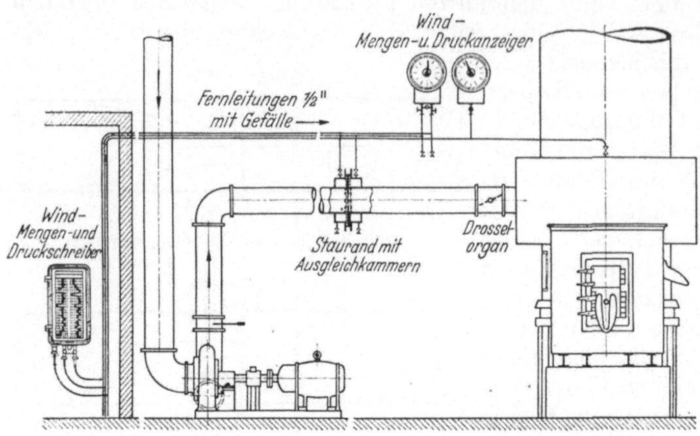

Abb. 48. Anordnung der Hydro-Luftmengenmesser (Hydro-Ges.).

aber kein Bild der dauernd zuströmenden Luftmenge. Dieses läßt sich nur mit Hilfe der selbstaufzeichnenden Geräte (Abb. 47 und 48) gewinnen, wie solche von namhaften Firmen wie: Askania-Werke, Hartmann & Braun AG., Hydro-Apparatebau-Ges., Eckardt AG., Siemens & Halske u. a. geliefert werden. Nicht zuletzt hat sich das neueste Gerät, die Ringwaage (Abb. 49) als gut brauchbar erwiesen: Ein zur Hälfte mit Flüssigkeit gefüllter Hohlring ist drehbar gelagert. Der Raum über der Flüssigkeit ist durch eine Trennwand in zwei Kammern geteilt, die durch Rohrleitungen mit den Druckentnahmestellen des Drosselgerätes verbunden sind.

Durch die Wirkung der Druckdifferenz auf die Trennwand wird der Hohlring gedreht. Als Gegendrehmoment wirkt ein Gewicht. Da zwischen Wirkdruck und Durchfluß eine quadratische Beziehung besteht, erfolgt zur Erzielung einer abstandsgleichen Skalen- bzw. Papierteilung die Übertragung der Drehung auf das Zeiger- oder Schreibwerk durch eine Radiziereinrichtung.

Vorzüge: Große Verstellkräfte und geringe Reibungswiderstände, daher: Hohe Empfindlichkeit bei geringen Wirkdrücken. Ferner: Unabhängigkeit der Anzeige von Änderungen der Menge und des spezifischen Gewichts der Füllflüssigkeit. Nullpunktkorrektion.

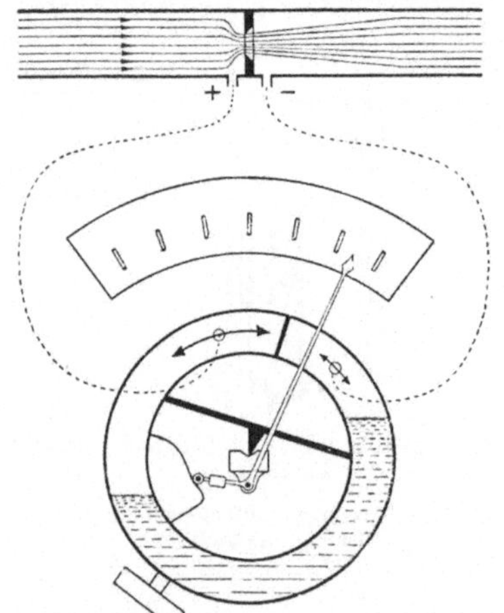

Abb. 49. Ringwaage-Luftmengenmesser
(Hartmann & Br.).

Über die theoretischen Grundlagen der Luftmengenmessung wurde bereits vor Jahren in den Mitteilungen des Vereins Deutscher Eisengießereien ausführlich berichtet (z. B. Mitteilung Nr. 15: „Windmengenmessung". Düsseldorf, 1. März 1930).

Auf Grund der genauen Überwachung der in der Zeiteinheit dem Schachtofen zugeführten Luftmenge kann die Gebläseleistung eingestellt werden, wenn die Drehzahlen der Gebläse oder ihrer Antriebsmotoren sich in gewissen Grenzen regeln lassen (s. Abschn. 16).

32. Aufbau der Eisensätze (Gattierungen). In der Hauptsache richtet sich die Größe der Eisensätze[1] nach den im Entwurf DIN 6920 „Baunormen für Gießerei-Schachtöfen" festgelegten Schachtquerschnitten und stündlichen Schmelzleistungen.

Auf Grundlage eines durchschnittlichen Satzkoksverbrauches von 10% bei einer Satzkokshöhe von 150 mm sind die gebräuchlichen Satzgewichte in Tabelle 9 angegeben. Eine feste Norm läßt sich nicht aufstellen, denn es muß von Fall zu Fall auf die Zusammensetzung der Einsätze für die in Frage kommenden Gußeisensorten Rücksicht genommen werden. Demnach sind also leichte und schwere Eisensätze zu unterscheiden, und auf die Beschaffenheit des Schmelzkokses, des Gußbrucheisens und des Stahlschrotts ist zu achten. Die Tabellen 10 bis 12 enthalten beispielsweise Angaben über die Roheisen- und Gußbrucheisenverwertung.

In der Regel hat der Si-Gehalt um etwa 10, der Mn-Gehalt um etwa 15% abgenommen, der P-Gehalt war gleichgeblieben und der S-Gehalt um etwa 50% angereichert. Da diese Ab- bzw. Zunahmen an Si, Mn, P und S als normal anzusehen sind, so sollen sie in den folgenden Beispielen eingesetzt werden.

Der Gußbruch- oder Stahlschrottzusatz bringt im Schmelzgang leicht Störungen, weil beide selten ofenrecht geliefert werden und deshalb besonders sorg-

Tabelle 9. Durchschnittswerte für Eisen- und Kokssätze.

Lichte Weite des Schachtes mm	Schachtquerschnitt m²	Kokshöhe 15 cm kg	Gewicht des Eisensatzes bei 10% Koks kg	Luftmenge m³/min m³	Schmelzleistung (mindest) kg
500	0,1964	15	150	25	1000
600	0,2827	21	200	40	2000
700	0,3848	29	300	50	3000
800	0,5026	38	400	60	4000
900	0,6362	48	500	80	5000
1000	0,7854	59	600	110	6000
1100	0,9504	72	700	130	7500
1200	1,1310	85	800	155	9000
1400	1,5394	100	1000	200	12000

Tabelle 10. Gußeisen für einfache Baugußteile (Säulen usw.).
Verlangt wird: Si = 1,80, Mn = 0,70, P = 1,00, S = 0,10%. Zur Verfügung stehen: Gießereiroheisen III, Luxemburger Roheisen III und Maschinenbrucheisen.

Einsatz kg	Eisensorte	Silizium %	Silizium kg	Mangan %	Mangan kg	Phosphor %	Phosphor kg	Schwefel %	Schwefel kg
300	Gießereiroheisen III . .	2,25	6,75	0,85	2,55	0,90	2,70	0,04	0,12
150	Luxemburg. Roheisen III	2,50	3,75	0,80	1,20	1,50	2,25	0,04	0,06
300	Maschinenbrucheisen . .	1,85	5,55	0,70	2,10	0,80	2,40	0,11	0,33
250	Eingüsse usw.	1,90	4,75	0,70	1,75	0,85	2,12	0,10	0,25
1000 kg Satzgewicht enthalten nach Rechnung		20,80 / 2,08		7,60 / 0,76		9,47 / 0,95		0,76 / 0,076	
Die Analyse dieses Eisens ergab		1,80		0,64		0,94		0,12	

---

[1] Vgl. Abschn. 11, 27 u. 29. — Weitere Einzelheiten bezüglich der Metallurgie des Gußeisens sind in den Werkstattbüchern Heft 19 „Gußeisen" von MEHRTENS-GILLES, 2. Aufl. 1936, Heft 24 „Stahl- und Temperguß" von E. KOTHNY, 2. Aufl. 1940, und Heft 30 „Einwandfreier Formguß" von E. KOTHNY, 2. Aufl. 1938, behandelt.

Tabelle 11. Maschinengußeisen mit mittlerer Festigkeit.

Verlangt wird: Si = 1,75, Mn = 0,60, P = 0,60, S unter 0,10 %. Zur Verfügung stehen: Hämatit Kraft, Buderus III, Luxemburger Roheisen III, Maschinenbrucheisen, Stahlabfälle.

Einsatz kg	Eisensorte	Silizium %	Silizium kg	Mangan %	Mangan kg	Phosphor %	Phosphor kg	Schwefel %	Schwefel kg
100	Hämatit Kraft	3,00	3,00	1,00	1,00	0,08	0,08	0,01	0,01
275	Buderus III	2,00	5,50	0,70	1,93	0,60	1,65	0,03	0,08
100	Luxemburg. Roheisen III	2,00	2,00	0,70	0,70	1,60	1,60	0,04	0,04
150	Maschinenbrucheisen . .	1,85	2,78	0,70	1,05	0,80	1,20	0,11	0,17
300	Eingüsse u. eigener Bruch	2,20	6,60	0,70	2,10	0,50	1,50	0,12	0,36
75	Stahlabfälle	0,10	0,08	0,40	0,30	0,10	0,08	0,10	0,08
1000 kg Satzgewicht enthalten			19,96		7,08		6,11		0,74
nach Rechnung		2,00		0,71		0,61		0,074	
Ab- bzw. Zunahme . . .		—0,20		—0,10		—		+0,037	
Berechnet		1,80		0,61		0,61		0,111	
Analyse		1,70		0,65		0,60		0,11	

Tabelle 12. Maschinengußeisen für Stücke mit starken Wandungen.

Verlangt wird: Si = 1,40, Mn = 1,00, P = 0,40, S = 0,12 %. Zur Verfügung stehen: Hämatit Krupp, Buderus I, Schalker III, Mn-Eisen 10 %, Maschinenbruch I, Stahlabfälle.

Einsatz kg	Eisensorte	Silizium %	Silizium kg	Mangan %	Mangan kg	Phosphor %	Phosphor kg	Schwefel %	Schwefel kg
150	Hämatit Krupp	3,00	4,50	1,10	1,65	0,08	0,12	0,02	0,03
100	Buderus I	3,40	3,40	1,20	1,20	0,50	0,50	0,02	0,02
150	Schalker III	2,20	3,30	0,75	1,13	0,70	1,05	0,04	0,06
50	Mn-Eisen 10 %	0,40	0,20	10,00	5,00	0,06	0,03	0,03	0,02
200	Maschinenbruch I . . .	1,30	2,60	0,80	1,60	0,80	1,60	0,12	0,24
100	Eingüsse u. eigener Bruch	1,20	1,20	0,70	0,70	0,40	0,40	0,10	0,10
250	Stahlabfälle	0,25	0,63	0,60	1,50	0,10	0,25	0,10	0,25
1000 kg Satzgewicht enthalten			15,83		12,78		3,95		0,72
nach Rechnung		1,58		1,28		0,39		0,072	
Ab- bzw. Zunahme . . .		—0,16		—0,18		—		+0,036	
Berechnet		1,42		1,10		0,39		0,108	
Analyse		1,38		1,12		0,39		0,125	

fältig aufzugeben sind. Hier versagen häufig die mechanischen Beschickungsvorrichtungen und die bessere Aufgabe der Eisensätze erfolgt unmittelbar von der Gichtenwaage aus von Hand. Auf diese Weise kann auch die Begichtung sorgsamer erfolgen und die Beschickungssäule gleichmäßiger sinken.

Daß nach Möglichkeit ein Aussuchen des Brucheisens auf dem Lagerplatz erfolgen soll, wurde schon betont, ebenso ist auf ein genaues Wiegen zu achten, damit im täglichen Schmelzbetrieb und bei den monatlichen Abschlüssen nicht zu große Fehlbeträge in den Beständen in Erscheinung treten. Die Überwachung der Schmelzbetriebe beginnt also schon auf dem Roh- und Hilfsstofflager. Das Stapeln des Roheisens, Tafeln mit den Analysen und Angabe der Eisenmenge sowie die Führung der Lagerkarte ist ebenso wichtig wie das genaue Verwiegen der Eisensätze auf einer Gattierungswaage (Abb. 22, S. 16).

Beim Aufbau der Eisensätze ist genau zu unterscheiden, ob mit Hausbruch oder mit Kaufbruch gearbeitet wird (siehe Abschn. 27). Es empfiehlt sich, hin und wieder die Zusammensetzung der Gußbruchsorten durch Analysen zu prüfen, um damit zur Sicherung der Werkstoffgüte des Gußeisens beizutragen.

33. Störungen im Schmelzverlauf. Der ungestörte Verlauf des Schmelzvorganges ist nicht zuletzt von der sorgsamen Wartung der Ofenbeschickung abhängig. Besonders störend ist das Hängenbleiben der Schmelzsäule, hervorgerufen durch nachlässige Zustellung des Ofens, die bei verengter Schmelzzone häufig, bei gleichmäßig zylindrischem Schacht seltener vorkommt. Manchmal versäumt der Schmelzer oder Ofenmaurer, im Schacht haftende Schmelzreste genügend zu beseitigen oder Fehlstellen in der Ofenwand gründlich auszubessern, aber meist liegt der Fehler, der das Hängenbleiben der Schmelzsäule mit sich bringt, in ungenügender Zerkleinerung des gesetzten Eisens. Große Roheisenstücke sind weniger gefährlich als sperriger Bruch, nicht zuletzt große Eingüsse sowie Stahlschrottstücke, oft treffen beide Mängel zusammen. Auf der Gichtbühne kann zuerst bemerkt werden, wenn die Schmelzsäule nicht mehr gleichmäßig sinkt und die Gefahr des Hängenbleibens besteht[1].

Bei Öfen ohne Vorherd tritt eine Verzögerung des Niederganges auch ein, wenn das Eisen im Herd nicht regelmäßig entnommen wird, sondern sich im Herd ansammelt. Das hochsteigende Eisen im Herd drückt den Füllkoks nach oben, dieser verbrennt allmählich, es verzögert sich das Schmelzen und die Schmelzsäule kommt vorübergehend fast zum Stillstand. Es ist verfehlt, hier vorzeitig in den Düsen zu stochern, im andern Fall ist aber mit kräftigen Eisenstangen von der Gichtbühne aus nachzuhelfen, um das Gefüge der Schmelzsäule zu lockern.

Nur ununterbrochenes Bearbeiten der Schmelzsäule beschleunigt das Freiwerden des Ofens, ein Nachwerfen von großen Eisenstücken nützt nicht viel. Das nach dem Fallen der Schmelzsäule unter die Schmelzzone gesunkene Eisen schmilzt dort ziemlich matt, weil während des Hängens ein Teil des Schmelzkokses verbrannte. Es ist deshalb gut, das erste nach der Ofenstörung im Herd des Schachtes gesammelte Eisen vorwegzunehmen und nicht für vollwertigen Guß zu verwenden. Immer wieder ist aber auf sorgfältige Ausbesserung und Instandhaltung des Ofenschachtes hinzuweisen.

Daß das Zerkleinern des Brucheisens und die Überprüfung der zur Schmelzung bestimmten Gußstücke nicht genügend beachtet werden, zeigen immer wieder die Vorkommnisse, daß geschlossene Hohlkörper, die mit dem Brucheisen in den Ofen geworfen werden, zu Explosionen führen. In den Fachzeitschriften wird häufiger darüber berichtet, und es handelt sich nicht immer um Geschoßkörper, sondern mitunter auch um größere hohle Kolben. Bei Fehlguß von Hohlkörpern kommt meist auch noch die Kernmasse mit in den Ofen, wodurch die Schlacke vermehrt wird. Die Wirkung dieser Explosionen ist oft sehr stark, das Gewölbe der Funkenkammer wird durchschlagen, und die Luftleitung zerstört. In einem andern Falle kam eine Kugel von 200 mm Durchmesser und 15 mm Wanddicke im Schachtofen zur Explosion, der Schmelzer wurde durch den Luftdruck zu Boden geworfen, Eisen-, Koks- und Kalksteinstücke flogen über Gebäude und Gelände; eine Funkenkammer war nicht vorhanden, sonst wäre auch diese gewiß zerstört worden.

Derartige Explosionen durch Nachlässigkeiten bei der Aufgabe von Brucheisen gehören aber nicht zu den eigentlichen Schachtofenexplosionen, die durch plötzliche Entzündung von Kohlenoxydgas, das während eines vorübergehenden Stillstandes des Gebläses in den Luftmantel oder Windkasten, in die Luftleitung oder bis zum Gebläse vordringen konnte, entstehen. Diese oft sehr schlimmen Explosionen können eintreten, wenn nach dem Wiederanstellen des Gebläses sich das hochexplosible Gemisch aus Kohlenoxydgas und Luft entzündet. Deshalb

---

[1] Bei Schachtöfen unter 700 mm l. Durchm. ist deshalb auf eine richtige Stückgröße des Gußbruches und Stahlschrotts besonders zu achten.

handelt es sich darum, das während einer Betriebsunterbrechung angesammelte Kohlenoxydgas rechtzeitig zu beseitigen. Es müssen also nach dem Abstellen der Gebläseluft sofort sämtliche Düsenklappen geöffnet werden, damit das den Düsen entströmende Oxydgas, sobald es mit der zuströmenden Außenluft in Berührung kommt, verbrennt. Beim Wiederanlassen des Gebläses müssen die Düsenverschlüsse noch eine kurze Zeit — es genügt eine halbe Minute — geöffnet bleiben, um ein etwa noch im Luftkasten vorhandenes Gasgemenge ins Freie zu blasen.

Auf die Befolgung dieser Vorschrift sind die Schmelzer immer wieder aufmerksam zu machen, damit die oft sehr folgenschweren Explosionen vermieden werden. Um der Ofenmannschaft das Öffnen und Schließen der Schaulöcher zu sparen, werden auch Sicherheitsventile am Luftkasten angebracht (Abb. 8 und 9, S. 9). Bei Anwendung der fast geräuschlos arbeitenden Schleudergebläse, wenn diese auf Flurhöhe stehen, kann das Öffnen und Schließen der Schaulöcher unterbleiben, weil hier, auch beim Stillstand der Gebläse, im freien Raum ein stetiger leichter Luftzug bemerkbar ist.

Eine weitere Art von Schachtofenexplosionen tritt auf, wenn beim Aufstampfen der Herd- oder Vorherdsohle ein zu nasser oder zu magerer Formsand verwendet wurde und die genügende Trocknung der Ofen- oder Vorherdsohle unbeachtet blieb. Das überflüssige Wasser in der Sandmasse bringt beim Einlaufen des Eisens eine Dampfentwicklung und bei großer Feuchtigkeit des Sandes unfehlbar eine Explosion im Herd. Es ist deshalb notwendig, das Aufstampfen und Ausbessern der Herdsohle recht sorgsam durchzuführen, normal angefeuchteten Haufensand auf die erste Schicht aus ausgebranntem Altsand aufzubringen und festzuklopfen. Am besten ist es, schon am Abend vor dem Schmelztag das Trocknen der Vorherdsohle oder der Ofensohle auszuführen. Das Vorherdfutter kann aus Stampfmasse hergestellt werden (Abschn. 21).

Als Ofenstörung unangenehmer Art kann auch das Erglühen von Teilen des Ofenmantels bezeichnet werden. Dieses Erglühen tritt ein, wenn das Mauerwerk schadhaft geworden ist, so daß die Feuergase oder auch flüssiges Eisen unmittelbar auf den Blechmantel einwirken können. Es ist nicht notwendig, in solchen Fällen immer den Ofen abzustellen, oft genügen wenige Minuten, um durch Aufgeben von feuchtem Lehm dem Übel abzuhelfen, anderseits bringt aber bei länger dauerndem Betrieb ein Strahl aus der Wasserleitung Abhilfe. Insbesondere bei rotwerdenden Stellen oberhalb des höchsten Eisenstandes im Herde läßt sich mit Hilfe eines Wasserstrahles, der nicht allzu kräftig, sondern nur stetig zu sein braucht, der Schmelzbetrieb einige Stunden ohne weitere Störung aufrechterhalten. Wenn aber das Zerspringen einer Wand droht, muß selbstverständlich der Schmelzbetrieb eingestellt und der Ofen entleert werden.

Hin und wieder kann es auch vorkommen, daß ein Schachtofen eine gewisse Zeitdauer abgestellt werden muß, also eine Dämpfung des Schmelzbetriebes notwendig wird. Wenn der Schacht noch nicht nennenswert verschlackt ist, kann die Unterbrechung der Schmelzung durch Abstellen der Luftzufuhr unbedenklich durchgeführt werden, bei längerer Schmelzdauer und starker Verschlackung ist aber eine Unterbrechung der Luftzufuhr mit gewisser Gefahr für den Ofen verbunden, denn die zäh werdende Schlacke verschließt die Hohlräume, durch die die Gebläseluft noch in das Innere der Schmelzsäule dringen konnte, so daß dann die noch im Ofen verbliebene Eisen-, Koks- und Schlackenmasse zum Erstarren kommt. Bei Öfen mit Vorherd und dauerndem Schlackenlauf ist die Gefahr des Einfrierens weniger groß.

Als weitere Ergänzung für größere Betriebe, um unangenehme Störungen in der Schmelzanlage zu beheben, sei hier auch auf die Anordnung von doppelten

Gebläsen hingewiesen. Manchmal wird sogar ein Gebläse mit Gleichstrom und das andere mit Drehstrom betrieben, so daß die Anlage vor Störungen in der Strombelieferung gesichert ist. In allen Fällen soll aber auch für kleine und mittlere Betriebe, wenn täglich gegossen wird, die Schmelzanlage mit zwei Schachtöfen gleicher Leistung ausgerüstet sein, so daß, wenn auch Störungen anderer Art auftreten, die ein zeitweises Stillegen des Schmelzganges erfordern, immer ein zweiter Ofen fertig zur Aushilfe zur Verfügung steht.

Bei Störungen, die gegen Ende der Schmelzung eintreten, ist es immer am besten, rasch entschlossen ganz abzustellen, die flüssigen Schmelzstoffe abzustechen und den verbleibenden, noch weichen Rest durch die geöffnete Bodentür zu entleeren. Ist dagegen das Schmelzen erst kurze Zeit im Gange, befindet sich die Schmelzsäule noch in Ordnung und bestehen insbesondere keine Hohlräume infolge Hängenbleibens, so kann die Gebläseluft für verhältnismäßig lange Zeit — es gibt Beispiele bis zu mehrstündigen derartigen Unterbrechungen — weggenommen werden. Nach Abstellung der Luft werden die Düsenverschlüsse geöffnet, sämtliche Düsen mit frischem Formsand fest geschlossen, dann nach etwa 10 Minuten nach Wegnahme der Gebläseluft das Abstichloch geöffnet und alles Eisen mitsamt der flüssigen Schlacke abgelassen und mit einem nicht zu harten Pfropfen der Abstich geschlossen. Dauert die Unterbrechung voraussichtlich nicht länger als eine Stunde, so bleibt die obere Abschlußfläche der Schmelzsäule in dem Zustande, in dem sie sich befindet, bei voraussichtlich länger dauernder Unterbrechung ist jedoch die Abdeckung der Schmelzsäule mit einer Schicht kleinstückigen Kokses und außerdem einer dünnen Lage Holzkohle zu empfehlen.

Beim Wiederanstellen des Ofens werden das Abstichloch und sämtliche Düsen frei gemacht und nach Verlauf von etwa 10 Minuten, während welcher Zeit etwa angesammelte explosible Gase entweichen können, die Gebläseluft angelassen. Etwa eine halbe Minute wird bei offenen Schaulöchern — zum Reinigen des Luftkastens von Gasen — angeblasen, dann werden die Schaulöcher geschlossen, aber das Abstichloch wird bis zum Erscheinen des ersten Eisens bei vorherdlosen Öfen offen gelassen und weiter so verfahren wie bei normaler Ingangsetzung der Schmelzung. Es soll nicht unerwähnt bleiben, daß als Folge von Störungen im Schmelzgang auch mal der Abstich am Ofen oder Vorherd oder sogar der Ablaufkanal zwischen Ofenschacht und Vorherd, wenn er zu klein ausgeführt ist, versagt, d. h. „einfriert". Mit Stangen und Vorschlaghämmern wird meist dem Versager begegnet, so daß, unbrauchbar geworden, der Abstich erneuert werden muß. Oft ist es einfacher und zuverlässiger, mit einem Sauerstoffbrenner einzugreifen, doch auch hier ist mit Vorsicht zu arbeiten, damit nicht zurückschlagende Flammen oder herausgeschleudertes flüssiges Eisen die Ofenmannschaft verletzt.

In der Zeitschrift Gießerei-Praxis 1936 Heft 1—2 berichtet BRAUER über einen „eingefrorenen" Schachtofen, der nach 2 Stunden Hilfsarbeit wieder in Betrieb genommen werden konnte und dann unter normalen Betriebsverhältnissen weiter seine Pflicht erfüllte. Es war gelungen, mit dem Sauerstoffbrenner den Verbindungskanal zwischen Schacht und Vorherd von erstarrtem Eisen und Schlacke zu befreien. Es kommt allerdings auch vor, daß das Abstichloch, weil zu groß, das flüssige Eisen mit starkem Strahl ablaufen läßt. Durch Abstellen des Gebläses ist dem Übel jedoch abzuhelfen, doch sollte immer eine Pfanne vor dem Ofen stehen, auch ist zu empfehlen, mit einem „doppelten Abstichstein" zu arbeiten, der im Notfall, d. h. beim Versagen des ersten Abstichloches, Aushilfsdienste leistet.

Wie bekannt, entfallen die meisten der in Frage kommenden Betriebsstörungen und Unfälle auf Schachtöfen ohne angebauten Vorherd. Wie Verfasser wiederholt feststellen konnte, sind auch in USA., wo der vorherdlose Schachtofen vorzugsweise in Anwendung kommt, Betriebsunfälle und Störungen der vorgenannten Art nichts Seltenes.

Hinweise durch Merkblätter und Unfallbilder allein bringen keine Abhilfe für Störungen und Unfälle, hier muß Schulung und Anlernen der Ofenmannschaft zu besseren Erfolgen führen. Besonders der Schmelzbetrieb bedarf tüchtiger Leute und einer sorgsamen Überwachung, damit Unfälle vermieden werden. Dies gilt nicht zuletzt für Betriebe, die mit zwei und mehr Schachtöfen ausgerüstet sind und in denen es hin und wieder auch vorkommt, daß beim Ausbessern im Ofenschacht der Maurer von herabfallenden Eisenstücken und anderen Dingen sehr schwer verletzt wird, weil versäumt wurde, die Schachtöffnung auf der Gichtbühne abzudecken.

Als schlechte Gewohnheit kann auch das freie Ablaufen und Ausblasen der Schlacke aus den Düsen bezeichnet werden. Unter vollem Ofendruck spritzt die Schlacke mitunter wie Feuerwerk in den Ofenraum, und Schlackenwolle hängt in vielen Gießereien in feinen Fäden an den Rohrleitungen und Eisenkonstruktionen. Hier kann der Schlackenüberlauf am Ofen oder Vorherd — in Verbindung mit dem genannten Entschweflungsverfahren — gute Dienste tun, ohne die Ofenmannschaft zu belästigen. Etwas Mehrarbeit und Aufmerksamkeit am Schlackenabstich muß natürlich in Kauf genommen werden.

34. Abstellen und Entleeren des Ofens. Wenn der Bedarf an flüssigem Eisen gedeckt ist, wird das Gebläse sofort abgestellt. Manchmal ist es angebracht, gegen Ende der Schmelzung die Luftmenge zu verringern, d. h. wenn der letzte Eisensatz die Schmelzzone erreicht hat. Sonst aber wäre die Minderung der Luftzufuhr verfehlt, weil dabei die günstigste Verbrennung des Satzkokses nicht möglich ist. Die Luft braucht auch bis zum letzten Eisensatz den ausreichenden Druck, um den ganzen Querschnitt zu durchströmen. Der Ofen kann also — wie nach einer neuen Bauart[1] — so behandelt werden, als wenn überhaupt nur ein oder zwei Eisensätze aufgegeben wären. Es muß jedoch berücksichtigt werden, daß der starke Luftdruck beim Heruntergehen der Schmelzsäule einen starken Funkenauswurf mit sich bringt, deshalb ist es besser, kurz vor Beendigung der Schmelzung die Luftmenge zu verringern.

Wenn irgend möglich, soll es vermieden werden, nachträglich, am Schluß der Schmelzung, noch Eisensätze in den Ofen zu werfen, falls einmal die erschmolzene Menge zu einem bestimmten Abguß nicht ausreicht. Ebenso ist es zu vermeiden, als Abschluß der Tagesleistung den Ofen zum Einschmelzen von losen Guß- und Stahlspänen zu benutzen, um aus diesem Abfalleisen ein „Vorschmelzeisen" zu erzeugen. Die Späne würden ohne entsprechende Kokssätze und Vorsichtsmaßnahmen bis zu 50% und mehr verbrennen und der Funkenauswurf die Nachbarschaft, Wohnhäuser usw. belästigen. Ist mit Bezug auf die angeschlossene Maschinenfabrik eine Späneverwertung geplant, dann steht auch nichts im Wege, eine kleine Brikettpresse aufzustellen, die — bei Brikettgröße von 3 bis 5 kg — sich in Jahr und Tag bezahlt macht. Steht eine Presse aber nicht zur Verfügung, so empfiehlt es sich, als Aushilfe Kokillen mit Spänen zu füllen und hieraus mit Resteisen aus Gießpfannen Blöcke anzufertigen[2] (vgl. Abschn. 36).

Nach dem Abstellen der Gebläseluft werden die Düsenklappen geöffnet, damit keine Gase in die Luftleitung gelangen, zugleich wird das Abstichloch zur Entnahme etwa noch vorhandenen flüssigen Eisens aufgemacht. Der

---

[1] Bauart „Zöller", S. 32.
[2] MEHRTENS, JOH., VDI: Gußspäneverwertung. Z. Gieß.-Praxis 1938 Heft 5/6.

Riegel der Bodenklappe wird gelöst und der sogenannte Stützpfosten unter der Klappe mit einem langen Haken weggezogen. Bei richtiger, nicht allzu fester Zustellung des Herdbodens soll die Klappe von selbst niederfallen, ist dies nicht der Fall, muß mit einem langen Meißel, der zwischen Bodenplatte und Verschlußklappe geschoben wird, nachgeholfen werden. Es ist dies aber immer eine gefährliche Sache, bei der leicht Unfälle vorkommen. Besser ist es, an der Klappe eine Kette einzuhaken und mit derselben über einem am Boden vorzusehenden Widerstand oder Anhalt die Klappe aufzureißen. Falls infolge der Bauart des Ofens ein schnelles Aufschlagen der sich öffnenden Bodenklappe zu befürchten ist, schlingt man zweckmäßig die Kette zweimal um eine der Ofentragsäulen und behält sie fest in der Hand, tritt selbst zurück und läßt nach einem Ruck durch Nachgeben der Kette die lose gewordene Klappe langsam sinken. Wichtig ist immer die Verwendung eines Zustellstoffes, der das ordnungsmäßige Niederklappen der Bodentür durch Eigengewicht sichert.

Bei größeren Öfen fällt nach Öffnung der Bodenklappe der Schmelzrest ohne weiteres aus dem Ofen, bei Öfen mit kleinerem Durchmesser muß oft etwas nachgeholfen werden, wozu eine lange Hacke, die auf einem eisernen Bock geschoben werden kann, Verwendung findet. Die letzten Reste der Schmelzung können leicht mit Stangen beseitigt werden, die durch die Hintertür und Düsenöffnungen in den Schacht geschoben werden. Die ausfallende Masse ist zunächst noch halbflüssig und kann in diesem Zustande mit Hakenstangen zerteilt werden. Der glühende Haufen wird zunächst auseinandergerissen und die heißen Massen am besten mit einem Wasserstrahl begossen. Das Aussuchen des Haufens, auf Eisen-, Koks- und Schlackenstücke, erfolgt am nächsten Morgen. Beim Benetzen der ausgefallenen Massen muß noch eine Wasservergeudung verhütet werden, damit nicht durch zu große Feuchtigkeit auf dem Boden beim Entleeren Explosionen entstehen.

Wie schon im Abschn. 33 bemerkt, bringt das Entleeren der Schachtöfen und das Beseitigen der Schmelzreste auch allerlei Unfälle, die beweisen, daß in bezug auf die Unfallverhütung bei den Vorgängen des Ziehens oder Entleerens der Öfen immer noch nicht genügend aufgepaßt wird oder die zugehörigen Vorrichtungen nicht zweckmäßig in Ordnung sind (Abb. 50). Nach einem Bericht der Aufsichtsbehörde ereignete sich in einer größeren Gießerei beim Entleeren eines Ofens ein Unfall dadurch, daß eine sogenannte Notstütze aus Birkenholz, die unter der geteilten Bodenklappe befestigt war, versagte (Abb. 50). Beim Entfernen der Stütze öffnete sich die Bodenklappe bereits

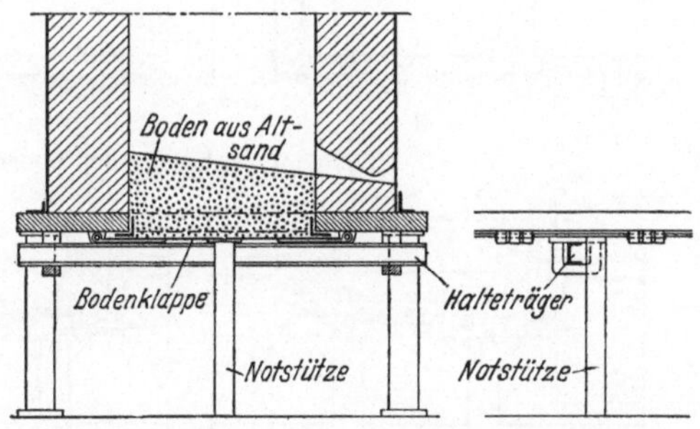

Abb. 50. Sicherung der Bodenklappe mit Notstütze.

teilweise und durch die herumspritzende Schlacke wurde die Kleidung des Schmelzers in Brand gesetzt. Die Brandwunden waren derart, daß der Schmelzer nach wenigen Stunden den Verletzungen erlag. Der Unfall zeigt, daß die mangelhafte Anordnung der Stütze schwere Folgen haben kann. Es wurde festgestellt, daß derartige Notstützen in vielen Gießereien verwendet werden, dabei wird die geteilte Bodenklappe durch ein Halteeisen und zwei Notstützen gesichert. Nach dem Lösen des Halteeisens werden die Stützen mittels Haken umgelegt. Die Ofenmannschaft soll diesen Haken außerhalb des Ofenhauses lösen. Zu diesem

Zweck ist in der Mauer eine Öffnung angebracht. Die Vorschrift wird aber in der Regel nicht beachtet, die Schmelzer bleiben beim Ziehen vielmehr in unmittelbarer Nähe des Ofens. Eine andere Gießerei hat eine einteilige Bodenklappe in Gebrauch (Abb. 51). Vor dem Losschlagen der Keilsicherung wird eine Eisenstütze fest auf eine Unterlage unter die Klappe gesetzt, der Befestigungshebel wird von Hand seitwärts geschwenkt und dann die Stütze mit Kette unter der Klappe fortgezogen, so daß die letztere nach unten schwenken kann. Auch diese Bauart ist gefährlich, weil der Schmelzer beim Lösen des Hebels am Ofen steht und von Schmelzresten getroffen werden kann.

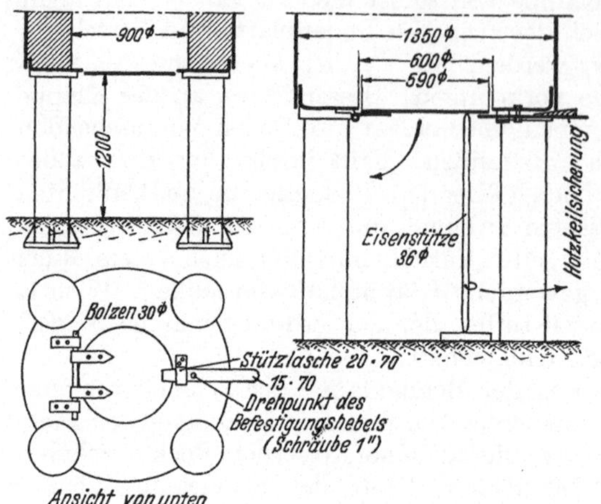

Abb. 51. Sicherung der Bodenklappe mit Eisenstütze.

In den weiteren Ausführungen[1] wird nun an Hand von Abbildungen berichtet, daß durch Winkelriegel oder Keile ein Bodenverschluß gesichert ist, der keine Stütze benötigt, aber eine Ofenbühne, von der aus Winkelhebel

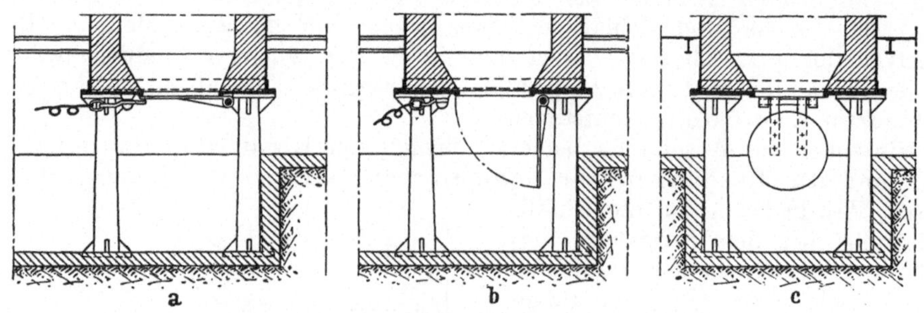

Abb. 52. Sicherung der Bodenklappe mit Winkelriegel.

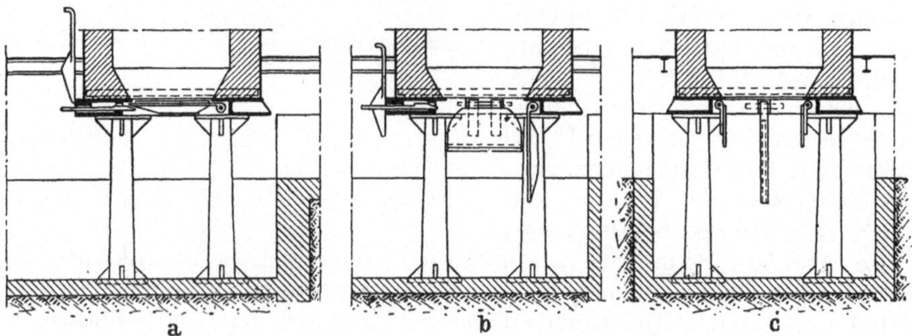

Abb. 53. Sicherung der Bodenklappe mit Keilverschluß.

und Keil betätigt werden können. Der Ofeninhalt fällt in eine Grube und der Schmelzer ist auf der Ofenbühne gegen Verbrennungen geschützt (Abb. 52 u. 53).

---

[1] Dipl. Ing.-Zweiling: Unfallursachen beim Ziehen von Gießerei-Schachtöfen. Gießerei 1940 Heft 6 S. 98/99.

In einigen Gießereien ist diese Umstellung vorgenommen, die sich als gut brauchbar erweist; besonders bei größeren Öfen dürfte sie zweckmäßig sein.

Wenn bei Neuanlagen von Schmelzöfen Gelände und Raumverhältnisse günstig sind, läßt sich auch durch Anordnung eines Kellers die Ofenentleerung unter der Schmelzanlage ausführen. Die in den Keller stürzenden Massen können dann ohne Störung des Gießereibetriebes leicht beseitigt und ausgewertet werden, aber derartige Anlagen sind etwas kostspielig und nicht überall auszuführen[1].

35. Aufbereiten und Auswerten der Schmelzreste. Die Aufbereitung der Abfälle und Rückstände in der Gießerei, insbesondere aus der Schmelzanlage beim Entleeren der Öfen, macht viel Arbeit. Sie ist aber in der Regel auch lohnend, denn die Rückstände enthalten oft bis 5% Eisen und mehr, sowie größere Anteile an Koks, der wieder verwertet werden kann. Wird die Schlacke zerschlagen, finden sich viele Eisenteilchen, kleine Kugeln usw., die sich durch Handarbeit oder auch durch ein Pochwerk leicht zurückgewinnen lassen. Anlagen dieser Art sind in vielen Gießereien mit bestem Erfolg in Anwendung. Auch die einfachen Kugelmühlen und Trommeln für nasse und trockene Aufbereitung leisten gute Dienste. Erwähnt seien die Bauarten „Durlach", „Graue", „Stotz" u. a., die auch in kleinen Betrieben eingeführt sind. Am einfachsten ist es allerdings, die aus dem Ofen entleerte Masse mit Hammer und Stangen zu zerschlagen und das Eisen sowie den Koks aus der Schlacke auszulesen. Die letztere gelangt dann auf den Schutthaufen oder auf die Halde. Es darf heute nicht mehr vorkommen, daß die Schlackenmenge mit Koks und Eisenteilen nichtausgesucht auf den Schutthaufen kommt, um dort von Kindern und Gelegenheitsarbeitern ausgeklaubt zu werden. Verfasser konnte auch beobachten, daß Weg und Zugangsstraßen mit schlecht ausgesuchten Ofenschlacken ausgebessert wurden, an vielen Stellen trat nach kurzer Zeit das eingeschlossene Eisen zutage und behinderte die Fußgänger. Es kommt aber auch vor, daß Ofenrückstände mit Eisen und Schutt gemischt vom Hof gefahren werden, ohne daß eine Kontrolle der Wagen stattfindet. Nur eine strenge Betriebsüberwachung kann hier Abhilfe schaffen, und an Hand der Tages- und Monatsberichte wird sich zeigen, welche Werte aus den Schmelzresten herausgeholt sind. Jedenfalls ist es notwendig, die aus den Rückständen des Ofenbetriebes **täglich gewonnenen Eisen- und Koksmengen gewichtsmäßig festzustellen**, nicht nur, um sie dem Schmelzbetrieb wieder zuzuführen, sondern auch um den sogenannten „Abbrand" oder „Schmelzverlust", der zu Lasten der Schmelzkosten und des Ausbringens an flüssigem Eisen genau gebucht werden muß, zu klären. Es gibt in neuerer Zeit Schmelzverfahren, deren Wirtschaftlichkeit auf den sogenannten Ersparnissen durch Minderung von Abbrand aufgebaut wird!

Zwischen Abbrand und Schmelzverlust ist, wie schon Osann in seinem Lehrbuch der Eisen- und Stahlgießerei betont, streng zu unterscheiden. Ersterer umfaßt die Eisenmengen, die oxydiert und nicht verschlackt werden, letzterer auch alle mechanischen Verluste, die oft 5 bis 7% betragen. Eine Ergänzung hierzu wird noch im Abschnitt über Betriebsausweise und Schmelzkosten zu sagen sein. Hier sei noch kurz bemerkt, daß eine Verwendung der dünnflüssigen Schachtofenschlacke meist nur für Wegebau und ähnliche Zwecke in Frage kommt.

36. Verwertung von Resteisen, Stahl- und Gußspänen. Das mit den Schlacken mechanisch verlorengehende Eisen fällt mit dem Spritzeisen und dem Abbrand unter den Begriff „Schmelzverlust". Ebenso wird der Verlust durch Verschlackung

---

[1] Handbuch Dr. Geiger, Bd. 3, 2. Aufl., S. 132, Abb. 197, 1928.

des dem Eisen anhaftenden Sandes zum Schmelzverlust gerechnet. Falsch ist
es jedoch, den Schmelzverlust an Hand des errechneten Unterschiedes zwischen
Ofeneinsatz und Ausbringen an Gußwaren nebst Eingüssen zu ermitteln, denn
in dem erhaltenen Wert ist auch der Gießverlust, der vom Betrieb der Gießerei,
von Gewicht und Form der Gußstücke abhängt, enthalten. Treffen ungünstige
Verhältnisse zusammen, so kann der Schmelzverlust bis 8% betragen[1]. Weitere
Aufschlüsse über diese Verluste gibt die Untersuchung der im Schmelzgang enthaltenen 5···10% Schlacken. Wie bereits im Abschn. 35 bemerkt, ist eine sorgsame Ausscheidung des Eisens aus den beim Entleeren des Ofens anfallenden
Rückständen dringend notwendig. Dies gilt auch für die Rückgewinnung des
Spritzeisens aus dem Sand am Ofen sowie auf den Förderwegen und Gießplätzen in der Gießerei, Putzerei und Kernmacherei (Abb. 62, S. 67). Wenn
irgend möglich, soll das Abfangen von Eisen mit Hand und kleinen Gabel- oder
Scherenpfannen unmittelbar am Ofen vermieden werden. Wirtschaftlicher und
zuverlässiger ist und bleibt die Verwendung der Sammel- oder Verteilerpfannen,
die mittels Kran oder Hängebahn den Gießplätzen in den verschiedenen Betriebs-
abteilungen zugeführt werden. Hierbei ist aber auch darauf zu achten, daß matt
gewordenes Resteisen aus den kleinen Pfannen nicht in die Verteilerpfanne
zurückgegossen wird und in dieser das heiße Eisen verdirbt. Derartige Eisenreste
aus Kleinpfannen sind stets an Sammelstellen, und zwar zweckmäßig am besten
nahe der Schmelzanlage, wo Kokillen zur Verfügung stehen, auszuleeren. Schmelzreste sollen aber nicht, wie in manchen Gießereien noch üblich, an beliebigen
Plätzen in den Formsand kommen. Es darf auch nicht unterlassen werden,
Resteisen, Eingüsse, Trichter und Steiger sowie Fehlgüsse vor dem Verbringen
auf die Gichtbühne zu putzen, denn der Sand stört den Schmelzgang und vermehrt die Schlackenmenge.

Kleine Eisenabfälle, wie Spritzeisen und Späne, dürfen nicht unmittelbar in
den Schachtofen geworfen werden, denn sie erleiden Schmelzverluste bis 50%,
die in die Schlacke gehen. Einige Gießereien haben die Gewohnheit, eisenhaltige
Schlacken am Schluß des Schmelzbetriebes zur Minderung der mechanischen
Schmelzverluste in den Ofen zu werfen, von nennenswerten Erfolgen bezüglich
Rückgewinnung des eingeschlossenen Eisens ist aber bisher wenig berichtet
worden. A. WAGNER gibt an, daß die Eisenverluste beim Abblasen der Schlacke
im Schachtofen mit Vorherd um 1,2% kleiner sind als beim einfachen Schachtofen. Jedenfalls hilft eine sorgsame Wartung der Öfen ganz wesentlich, um
Schmelzverluste und Fehlguß zu vermeiden. Nie minderwertiges Abfalleisen zu
hochwertigem Guß verwenden, Fehlguß ist die Folge.

Brucheisen soll stets ofenfertig sein.

Es mag noch kurz erwähnt sein, daß in wenigen Fällen auch die Verwendung
der Schachtofenschlacke zur Herstellung von Pflastersteinen erprobt wurde,
eine nennenswerte Bedeutung hat das Verfahren aber nicht erlangt, denn die
Schlacke zeigt in der Regel eine ungenügende Festigkeit. Der Schachtofen ist
auch bezüglich der Zusammensetzung der täglich anfallenden Schlacke auf die
Erzeugung eines einwandfreien Eisens und nicht auf die Herstellung von Schlacken-
steinen zu führen, glasige Schlacke ist jedenfalls für Schlackensteine völlig unbrauchbar.

37. Die Überwachung des Schmelzbetriebes. Mit der Überwachung der Roh-
und Hilfsstoffe, der Schmelzvorgänge im normal aufgebauten Schachtofen ist die
Werkstoffgüte von Fall zu Fall im großen ganzen gesichert, wenn auch der Ver-

---

[1] Handbuch der Eisen- und Stahlgießerei, 2. Aufl. Bd. 3 S. 140—45. Berlin: Springer 1928.

lauf des Schmelzverfahrens — mit Bezug auf die Zusammensetzung des jeweils verlangten Eisens — durch Untersuchung des für die bestimmten Güteklassen erschmolzenen Gußeisens den Vorschriften gemäß geprüft wird. Welche Anforderungen an den Fertigguß gestellt werden, ist im Werkstattbuch Heft 30 „Einwandfreier Formguß", Abschn. III A, „Grauguß unlegiert und legiert", sowie in Heft 19 „Gußeisen" ausführlicher zur Darstellung gebracht.

Über die Notwendigkeit der Messung der Temperaturen im erschmolzenen Eisen und über die chemische sowie mechanische Untersuchung mit richtiger Probenahme sei nun noch einiges gesagt.

Wird hochwertiges Gußeisen verlangt, so sind hohe Temperaturen von 1400···1500⁰ C im erschmolzenen Eisen Bedingung. Zur Prüfung stehen thermoelektrische oder optischelektrische Pyrometer verschiedener Bauarten, wie z. B. I. C. Eckardt, Hartmann & Braun, Pyrowerk Dr. Hase, Siemens & Halske u. a., zur Verfügung. Die Abb. 54 u. 55 mögen das Gesagte ergänzen, im übrigen werden die bemerkenswerten Werbeschriften der genannten Lieferwerke zur Durchsicht empfohlen. Als Beispiel für die Erlangung eines heißerschmolzenen Gußeisens sei auf die Ergebnisse in dem Schachtofen nach Abb. 3 (S. 6) hingewiesen;

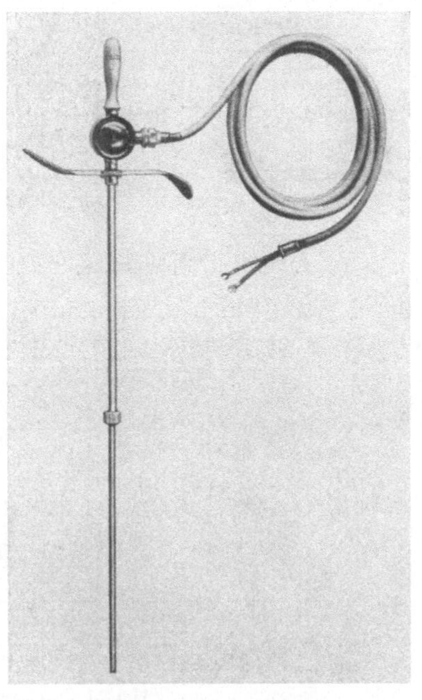

Abb. 54. Eintauchpyrometer
(Hartmann & Braun).

die mit dem Ardometer abgelesenen Temperaturen (einschließlich Korrektur) ergaben Werte zwischen 1420 und 1480⁰ C.

Es darf nie übersehen werden, daß die endgültige Zusammensetzung des Gußeisens nicht nur vom Einsatz, sondern insbesondere auch von dem Einfluß der Eisenbegleiter, die für bestimmte Werkstoffgüten notwendig sind, abhängig ist. Infolgedessen müssen, wie schon betont, durch ständige Probenahmen die verlangten Analysen im Eisen oder Festigkeiten sichergestellt werden. Um bezüglich der chemischen

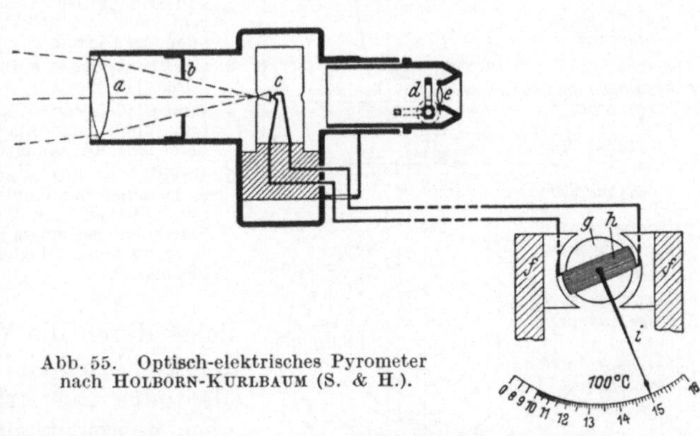

Abb. 55. Optisch-elektrisches Pyrometer
nach HOLBORN-KURLBAUM (S. & H.).

Untersuchung der Schmelze eine Erleichterung zu schaffen, wurde durch eine gemeinsame Arbeit[1] von K. SIPP und F. ROLL eine Gießkeilform ausgebildet, die es ermöglicht, aus dem Erstarrungsbild des Gußeisens in der Zusammensetzung von C = 3,46%, Si = 2,09% (C + Si = 5,55%) bis zu einer Zusammensetzung

---

[1] ROLL, Dr. F.: Gießerei 1940 Heft 1 S. 9/11.

von C = 3,14 %, Si = 1,12 % (C + Si = 4,26 %) bei im übrigen gleichen Einflüssen, auf das Gefüge der nachfolgenden Schmelzung mit einiger Sicherheit zu schließen.

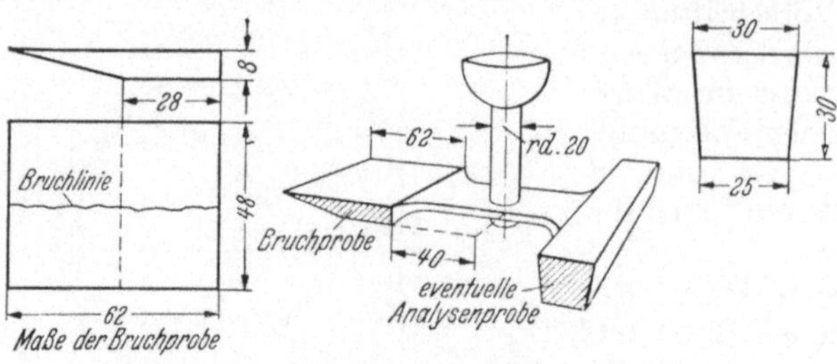

Abb. 56. Gießkeilprobe. Probeform Sipp-Roll.

Diese Gießkeile (Abb. 56 u. 57) werden unter gleichbleibenden Verhältnissen bezüglich Formsanddichte, Anschnitt usw. möglichst mit gleicher Gießtemperatur gegossen und im kalten Wasser abgeschreckt. Der Gießkeil wird mit der Zange, die zum Schrecken benutzt wurde, mehrmals in trokkenen Sand eingestoßen und so vom anhaftenden Wasser befreit. Danach wird er auf einer geeigneten Vorrichtung so zerschlagen, daß die Bruchfläche mög-

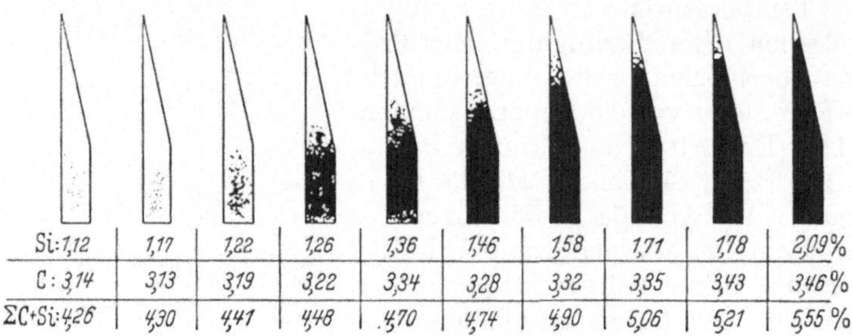

Si: 1,12	1,17	1,22	1,26	1,36	1,46	1,58	1,71	1,78	2,09 %
C : 3,14	3,13	3,19	3,22	3,34	3,28	3,32	3,35	3,43	3,46 %
ΣC+Si: 4,26	4,30	4,41	4,48	4,70	4,74	4,90	5,06	5,21	5,55 %

Abb. 57. Bruchbild der Keile Probeform Sipp-Roll.

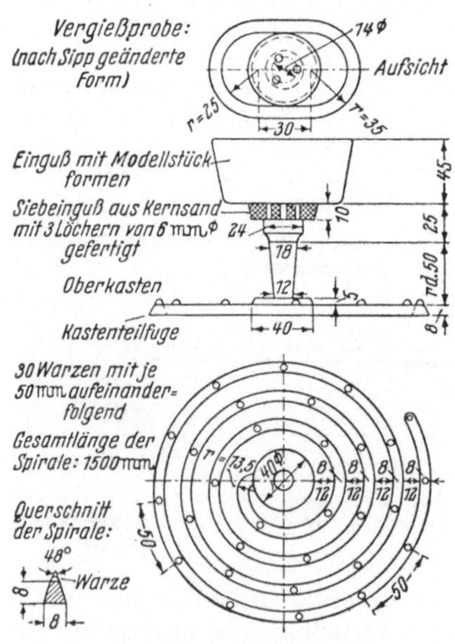

Abb. 58. Gießspiralen nach Sipp (Bemerkungen dazu).

Bemerkungen:

1. **Formart** (ob grün oder trocken) anzugeben. Bei grüner Sandform auf Sandfeuchte achten, bei Vergleichsversuchen gleich zu halten, in der Regel 5 bis 6 %. Bei Trockenform Verwendung starkkohlehaltigen Sandes, aber ohne Schwärzung.

2. **Anfertigung des Siebeinlaufkerns** entweder aus schwarzem Sand (unmittelbar vor dem Vergießen einzulegen!) oder aus Ölsand.

3. **Gießtemperatur** durch Messung bestimmen, möglichst durch Thermoelement.

4. Zum **Gießen** Verwendung eines **Gießlöffels** von bestimmtem Inhalt, gut vorgewärmt, z. B. durch mindestens 2 vorhergegangene Schöpfproben.

5. **Vergleiche,** sei es zwischen verschiedenen Schmelzen, sei es zwischen der Vergießprobe und einem bestimmten Gußstück, haben nur Wert, wenn **gleiche Verhältnisse** herrschen, besonders bezüglich Formart, Gießtemperatur, Vorgang beim Eingießen, auch Gleichheit der Druckverhältnisse.

lichst durch die Mitte des Gußstückes geht. Das Keilbruchbild kann in 2 bis $2^{1}/_{2}$ Minuten, also einer Zeit erhalten werden, die gerade noch ausreicht, um eventuelle Änderungen, Gießplatzwechsel oder Korrektur des Eisens mit Ferrolegierungen vorzunehmen. Die Bruchbilder der genannten Legierungen sind in Abb. 57 festgehalten. Dieses Schnellverfahren zur Bestimmung von Kohlenstoff und Silizium kann dem Schmelzer und vor allem dem verantwortlichen Betriebsleiter die Arbeit bei der Herstellung von hochwertigem Gußeisen bestimmter Zusammensetzung und Festigkeit, Härte usw. sehr erleichtern, denn anstatt Stunden für die gründliche Werkstoffuntersuchung nimmt die Gießkeilprobe nur Minuten in Anspruch. Trotzdem verliert aber die

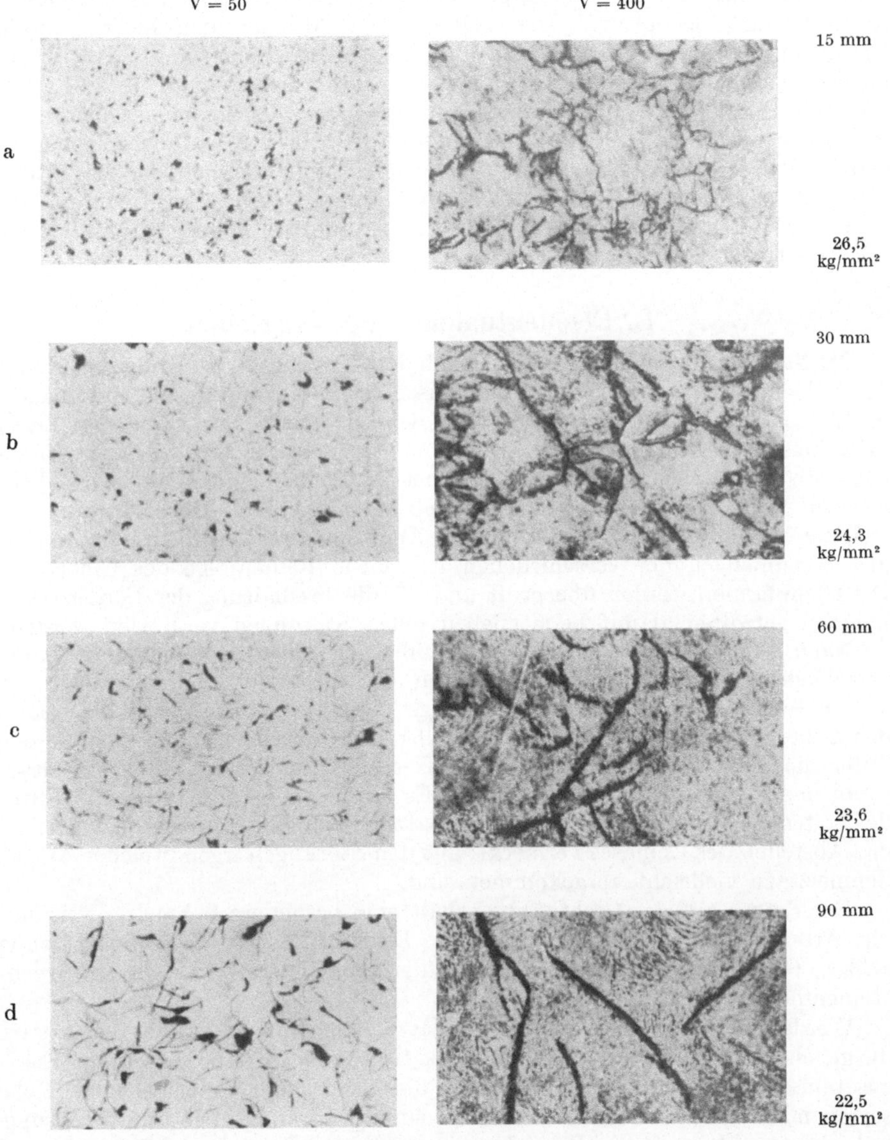

Abb. 59. Gefügbilder von Sonder-Gußeisen in vier verschiedenen Wanddicken.

chemische Untersuchung des Gußeisens nicht an Bedeutung, ebensowenig wie die richtige, d. h. zweckmäßige Probenahme. Es muß jedoch stets die genaue Zeit und der Eisensatz aus dem Schachtofen beachtet werden, um bei Analysen und Festigkeitsprüfungen zuverlässige Ergebnisse zu erreichen und diese auszuwerten.

Daß die Prüfung auf Dünnflüssigkeit des Eisens ebenfalls Beachtung findet, zeigt die Anwendung der bekannten Gießspiralen nach Abb. 58, die nach einem einheitlichen Modell leicht hergestellt werden können.

Neben den mechanischen Untersuchungen des Gußeisens, Biege- und Zugversuchen sowie Härteprüfung, gewinnt auch die Untersuchung des Gefügeaufbaues weitere Bedeutung. Die Bilderreihe Abb. 59 mag hierzu eine kleine Ergänzung geben. Es handelt sich um die Untersuchung eines Sondereisens mit niedrigem Kohlenstoffgehalt in folgender Zusammensetzung: C 2,91, Si 2,26, Mn 0,80, P 0,125, S 0,016. Dieses Eisen wurde in verschiedenen Gußstücken mit Wanddicken von 15, 30, 60 und 90 mm vergossen, es zeigte dabei folgende Festigkeiten: 26,5 — 24,3 — 23,6 und 22,5 kg/mm². Die Gefügebilder zeigen deutlich den außerordentlich fein verteilten Graphit in rein perlitischer Grundmasse. Bezüglich weiterer Einzelheiten über die Bedeutung der Metallographie sei auf das Werkstattbuch Heft 64 verwiesen[1].

B. Eisenentnahme und Vergießen.

38. Vorbereitungen zum Gießen. Nach dem Instandsetzen, Anheizen, Herrichten des Schachtofens sowie Aufbau der Eisen- und Kokssätze mit Zuschlägen und nachfolgendem Füllen des Ofens wird dem Schmelzer an Hand der Leistungstafel über Anzahl und Art der Zusammensetzung der verschiedenen Sätze, die nahe am Ofen leicht sichtbar angeordnet ist, der Beginn des Gießens bekanntgegeben. Der Gießermeister oder Betriebsleiter überprüft die rechtzeitige Fertigstellung der Formen zum Guß und gibt Anordnungen über die in Frage kommenden Eisenmengen der verschiedenen Art sowie Reihenfolge des Gießens selbst. Die Gießpfannen werden überprüft und für die Freihaltung der Förderwege Maßnahmen getroffen, damit beim Gießen selbst Störungen vermieden werden.

Nach Feststellung der für den Gießtag in Frage kommenden Eisenmengen verschiedener Zusammensetzung werden die diesbezüglichen Angaben auf der Verteilertafel nahe der Schmelzanlage vermerkt. Diese Tafel gibt an, wann das Anheizen, das Setzen und das Anstellen des Gebläses beginnt. Ferner zeigt die Tafel die Reihenfolge der zu erschmelzenden Eisensorten mit der Zeitangabe, wann das Eisen zur Verfügung steht. Es folgt der Vermerk über die Entnahme des ersten Eisens und wann der letzte Satz in den Ofen geworfen ist; ebenso wird das Abstellen des Gebläses vermerkt, mit den Störungen irgendwelcher Art, die am Schmelztage vielleicht vorgekommen sind.

Der Setzer auf der Gichtbühne erhält eine besondere Schmelzanweisung über die Art der zur Verfügung stehenden Eisensorten, die Zusammensetzung des Satzes, Gewicht desselben und Anzahl der Sätze gleicher Art in entsprechender Reihenfolge.

Werden die Sätze auf dem Lagerplatz fertiggemacht, erhält der Vorarbeiter die gleiche Satzanweisung wie der Vorarbeiter auf der Gichtbühne. In der Eisensatzzusammenstellung werden aber auch die Stapel der verschiedenen Roheisensorten mit Herkunft- und Markenbezeichnung genannt. Die Satzanweisung enthält dann auch noch die Bezeichnung des Ofens, Schmelztag, Satzzahl und Gesamtgewicht der in den Ofen gebrachten Eisenmenge.

Für die Bedarfsaufnahme an Eisen des jeweiligen Gießtages führt der Gießermeister oder ein Betriebsbeamter ein Buch mit entsprechenden Vordrucken für den täglichen Eisenbedarf in den verschiedenen Gußeisensorten. In diesen Vor-

---

[1] Prof. E. PIWOWARSKI, Aachen: Bestimmt der Schmelzofen die Gußeisenqualität? Gießerei Heft 9 v. 2. Mai 1941.

drucken wird auch von Schmelztag zu Schmelztag der Gesamterfolg des Gusses eingetragen, d. h. bei jedem Former mit der Tagesleistung auch der Anteil an Fehlguß, in Stückzahl oder Kilogramm, sowie, wenn möglich, die Ursache des Fehlgusses (Fehlerquelle). Diese Gußaufnahme gibt dem Beamten dann auch Gelegenheit, sich über die Arbeitslage genau zu unterrichten, dringende Arbeiten anzumahnen und an versäumte Arbeiten zu erinnern. Die täglichen Eintragungen sind für Betriebsbüro, Putzerei und Gußabnahme von großer Wichtigkeit, denn die verschiedenen Vermerke können weitgehend auch über die Liefermöglichkeiten bestimmter Aufträge Auskunft geben und nicht zuletzt kann den Fehlerquellen gründlich nachgegangen werden, um für Abhilfe zu sorgen.

In größeren Gießereien, besonders solchen mit eigenen Bearbeitungswerkstätten oder wenn hochwertige Erzeugnisse als Kundenguß an andere Maschinenfabriken usw. zu liefern sind, ist in der Regel ein Fachmann als Abnahmebeamter bestellt, der den Ursachen der Gußfehler von Fall zu Fall nachgeht und dafür sorgt, daß die Fehlerquellen festgestellt und beseitigt werden. Dieser Beamte sorgt also für eine Gemeinschaftsarbeit zwischen Konstruktionsbüro und Einkauf einerseits und der Abteilung Modellbau mit Gießerei und Gußabnahme anderseits, so daß Streitfälle geklärt werden können.

39. Schmelzverlauf und Eisenabstich. In bezug auf den Schmelzverlauf, die Eisenabgabe und häufig notwendige Probenahme hat der Abstecher dauernd mit den Setzern auf der Gichtbühne in Verbindung zu bleiben, damit nennenswerte Abweichungen vom Schmelzplan und in der Eisenverteilung vermieden werden. Ein gutes Hilfsmittel zur Verständigung ist der Satzanzeiger auf der Gichtbühne und in der Gießhalle. Dieser Satzanzeiger hat in einfachster Weise durch Nummern, die jeweils den Einwurf des letzten Eisensatzes angeben, Anwendung gefunden. Die Nummern sagen dem Abstecher, welche Eisensorte und Eisenmenge zur Aufgabe gelangte. In kleineren Gießereibetrieben wird die Verständigung zwischen dem Setzer und dem Abstecher auch durch „Kreidestriche" auf einer Anzeigetafel ermöglicht. Diese Tafel ist zwar in der Gießhalle meist gut sichtbar, aber sie führt leicht zu Irrtümern oder Mißverständnissen, andere Betriebe behelfen sich deshalb mit einem Glockenzeichen bei Aufgabe der Eisensätze. Zweckmäßiger und zuverlässiger sind aber elektrisch betätigte Satzanzeiger. Diese an jedem Ofen aufgehängten Anzeiger haben auf beiden Seiten Glasscheiben, auf denen die Sätze aufgezeichnet sind. Die Bezeichnung des jeweils fließenden Eisens wird durch Einschalten der hinter dem Namen befindlichen Lampe erleichtert und gibt so dem Former oder Gießer an, welche Eisenart zum Vergießen kommt; ein unnötiges Ansammeln von Mannschaften, die am Ofen auf Eisen warten, kann also vermieden werden.

Nach Mitteilung der Betriebsleitung einer großen Gießerei sind diese elektrisch betriebenen Anzeiger ständig mit bestem Erfolg in Anwendung.

Wenn irgend möglich, soll der Abstecher, der für die sorgsame Überwachung des Schmelzbetriebes mit verantwortlich ist, von seinem Platz aus die Verteilertafel, den Satzanzeiger, den Luftmengen- und Luftdruckmesser mit der Uhr übersehen können, so daß er an Hand des Schmelzplanes Ofenleistung und Eisenverteilung rechtzeitig beeinflussen kann oder Meldung an den Gießermeister oder Betriebsleiter macht, wenn ein Versager droht. Deshalb ist es auch zweckmäßig, die Zeigergeräte für Luftmengen- und Druckmesser (Abschn. 31) mit weit sichtbaren großen Zahlen zu verwenden, die der Abstecher leicht übersehen kann. Vom ersten bis zum letzten Abstich bemüht sich der Abstecher auch um die rechtzeitige Aufstellung der ordnungsgemäß instand gehaltenen Verteiler- und Gießpfannen; er ist immer im Bilde, welche Eisensorte zur gegebenen Zeit für bestimmte Formstücke zur Verfügung steht und sorgt auch für eine **allgemeine Ordnung am Ofenplatz**, vertritt also den Gießermeister oder Betriebsleiter, wenn diese anderweitig in Anspruch genommen sind. Dem Abstecher sind auch die Kennzeichen des richtig betriebenen Schachtofens gut bekannt, er weiß, daß vom Anblasen des Ofens bis zum Erscheinen des ersten flüssigen Eisens in der Regel eine Zeitspanne von 5 bis 7 Minuten genügt, kann also besonders darauf hinweisen, daß richtig erschmolzene Gußeisensondergüten auch richtig vergossen werden. Der Abstecher kann also verhindern, daß Gußeisensondergüten an falscher Stelle, d. h. in eine unrichtige Form vergossen werden.

40. Entschwefeln und Entschlacken. Die Zusätze von Kalkstein und Flußspat allein bringen nicht immer die gewünschten Erfolge. Flußspat enthält häufig Schwefelverbindungen, deshalb sollte dieser Zusatz, wenn er auch eine dünnflüssigere Schlacke gibt, in engen Grenzen bleiben. Es darf aber nicht übersehen werden, daß diese Zuschläge zunächst die Hauptaufgabe zu erfüllen haben, die **Verbrennungsrückstände des Kokses** und die dem Roh- und Brucheisen anhaftenden Sande, Rost usw. **zu verschlacken.** Erst an zweiter Stelle kommt diese Schlacke für die Bindung des im Koks enthaltenen Schwefels als Schwefelkalzium (CaS) in Frage, doch ist diese Wirkung meist gering. Die Zusätze können $30\cdots50\%$ des Kokssatzes betragen, zu viel würde das Ofenfutter angreifen und den erhofften Erfolg mindern.

Es sind Versuche gemacht worden, durch Erhöhung des Mangangehaltes die Entschwefelung des Gußeisens zu ermöglichen. Es zeigte sich aber, daß der höhere Mn-Gehalt des Einsatzes die Zunahme des Schwefels wenig beeinflußte. Ein besserer Erfolg trat mit den WALTERschen Versuchen ein, Alkali- und Erdalkalisalze für die Entschwefelung zu verwenden. Hierbei ergab sich sowohl bei manganarmem als auch bei manganreichem Eisensatz eine fast gleich günstige Entschwefelung. Bei diesem Verfahren handelt es sich um eine einfache chemische Umsetzung, bei welcher Schwefel als Sulfit an die Verbindungen der Alkalien und Erdalkalien gebunden wird.

Diese Vorgänge sind schon früher bei der Herstellung von Stahl beachtet worden, WALTER hat aber in erster Linie die Einwirkung der Kieselsäure auf die Erdalkalien, die Oxyde und Oxydhydrate der Metalle Kalzium, Barium und der Alkalien, besonders des Kaliums und Natriums, die sich mit dem Silizium viel schneller verbinden als mit Schwefel, erkannt und ausgewertet. WALTER hat also die schädlich wirkende Kieselsäure, d. h. die saure Ofenschlacke, bei Anwendung seines Verfahrens ferngehalten, denn die flüssige Ofenschlacke, auch wenn sie keine freie Kieselsäure enthält, wirkt störend auf den Entschweflungsvorgang, weil das Alkali sehr leicht die Silikatverbindung zerlegt, die Kieselsäure an sich reißt und den bereits in der Ofenschlacke als Sulfit gebundenen Schwefel wieder an das flüssige Eisen abstößt.

Die Entschwefelungsschlacke verhält sich ähnlich, deshalb darf auf das Eisenbad in der Gießpfanne, wenn die Entschwefelungsschlacke bereits Schwefel gebunden hat, kein **Form- oder Streusand aufgeworfen werden**, weil dadurch eine Rückschwefelung eintritt. Auch die schlechte Gewohnheit, beim Abholen der Gießpfannen vom Ofen „Altsand" aufzuwerfen, kann nicht genügend gerügt werden. Als Schutz gegen die Abkühlung des Eisens sollen Eisenbleche oder Deckel dienen, wenn Kalksteingrieß zum Aufwerfen nicht vorhanden ist. Die Beseitigung der Schwefelschlacke vom Eisenbade macht in einigen Gießereien gewisse Schwierigkeiten. Hier kann aber die Gießpfanne mit Schlackenabschäumer (Abb. 60) oder Gießkanal (Abschn. 14) sehr gute Dienste leisten, wenn eine Sondervorrichtung für den Schlackenlauf am Schachtofen oder Vorherd oder auch an der Verteilerpfanne vor oder neben dem Ofen nicht vorhanden ist.

Um den Schwierigkeiten bei der Anwendung des Verfahrens mit Schmelzzusätzen in Schachtöfen zu begegnen, wurde eine Reihe von Ofenneuerungen erprobt, die sich in kleinen und größeren Gießereien im Laufe der Jahre mehr oder weniger bewährten. Diese Neuerungen durch Ofenergänzungen verlangten aber erhöhte Aufmerksamkeit des Abstechers, und um den Erfolg des Verfahrens dauernd zu sichern, zur Wartung und Instandhaltung von Zeit zu Zeit auch die Mitarbeit eines Ofenmaurers. In Verbindung mit der Einführung des WALTERSchen Verfeinerungsverfahrens hat sich um den Ausbau der Entschlackungsvorrichtungen besonders die Firma Dr. Schumacher & Co., Berlin-Dortmund, verdient gemacht, indem sie zahlreiche Anlagen nach Bauart REIN, DÜRKOPP-LUYKEN (DRP.) u. a. im In- und Auslande erfolgreich in Anwendung brachte. Weitere Firmen haben mit Sonderpatenten ebenfalls die Neuerung in ähnlicher Art ausgewertet, so daß heute über den praktischen Wert des Verfahrens kaum noch Zweifel bestehen.

Abb. 60. Verteilertrommelpfanne mit Gießkanal auf Fahrgestell.

Die Ergänzung der Schachtöfen für das Entschlackungsverfahren erfolgt sowohl an einfachen Öfen wie auch an solchen mit ausgebautem Vorherd oder freistehendem bzw. fahrbarem Einsammler (Abb. 60, vgl. Abb. 16), der allen Betriebsverhältnissen leicht anzupassen ist. Am Ofen muß aber in jedem Fall durch einen für Eisen und Schlacke räumlich getrennten Steig- oder Überlaufkanal eine Sondervorrichtung eingebaut werden. Je nach der Eigenart der Überlaufkanäle lassen sich besondere Formsteine verwenden, die den Einbau wesentlich erleichtern (Abb. 61).

Bezüglich der Vorteile des Verfahrens steht neben der Forderung der Güteverbesserung durch Minderung des Schwefels auch die Entgasung und Desoxydation des Gußeisens. Bei gleicher Gießtemperatur zeigt schwefelreiches Eisen größere Neigung zur Porenbildung als schwefelarmes Eisen, und bei höherem Mangangehalt verschlechtern sich die mechanischen Eigenschaften mit

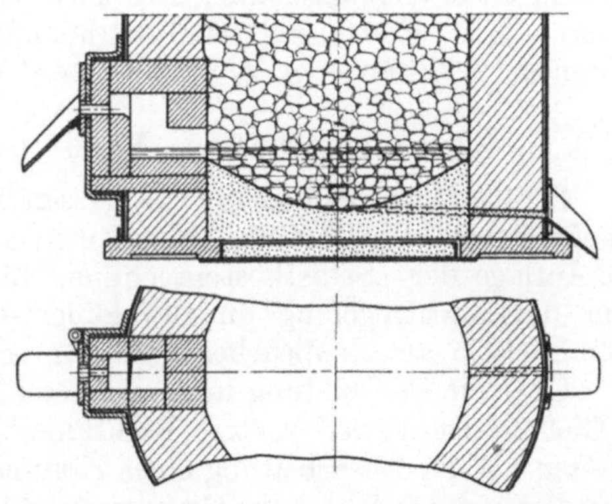

Abb. 61. Formsteine für räumlich getrennte Eisen- und Schlackenabläufe in Schachtöfen (Dr. Schumacher & Co.). 1926.

steigendem Schwefelgehalt, die Härte nimmt zu. Wenn allerdings der Schwefel im Gußeisen unter 0,10% beträgt, so hat die Güteverbesserung durch weitere Entschwefelung weniger zu sagen; dies ergibt sich auch aus der Tatsache, daß bei der Prüfung von Probestäben nur geringe Änderungen in der Festigkeit bei entschwefeltem und nichtentschwefeltem Eisen in Erscheinung treten, wenn der Schwefelgehalt bereits unter 0,10% vorhanden war. Über weitere Einzelheiten hierzu sei auf das Werkstattbuch Heft 30 „Einwandfreier Formguß" verwiesen.

41. Vermeidung von Einschlüssen im Gußeisen. Wenn auch durch die Hilfsmittel der Eingußtechnik Ofenschlacken und sonstige aus der Schmelze in der Gießpfanne ausgeschiedene Fremdkörper vor dem Einlauf in die Gießform abgefangen werden können — wie z. B. durch die bekannten Siebkerne —, so ist doch, wenn es gilt, empfindliche, hochwertige Gußstücke vor Fehlguß zu schützen, eine zuverlässige Abschlackvorrichtung in oder an der Gießpfanne von großem Vorteil. Der „Krampstock" gilt zwar als ein leicht brauchbares einfaches Hilfswerkzeug, um Schlacke in der Gießpfanne zurückzuhalten, aber es fehlt mitunter der Helfer oder Lehrling, der den Krampstock anwenden soll, da leistet dann die mit Gießkanal ergänzte Pfanne bessere Dienste (Abschn. 14, Abb. 29, S. 20).

Verfasser beobachtete in einigen Betrieben im In- und Auslande, daß die Former und Gießer sehr häufig die Scherenpfannen mit Gießkanal selbst in Pflege behalten, d. h. also, von Gießtag zu Gießtag werden die Pfannen am Arbeitsplatz aufbewahrt und instand gehalten. Wenn also die Eisenentnahme am Ofen beginnt oder das Eisen aus einer fahrbaren Verteilerpfanne oder Kranpfanne entnommen wird, sind die Scherenpfannen mit Gießkanal immer im einwandfreien Zustand zur Hand. Zeigt sich mal ein Versager, dann muß die Betriebsüberwachung einspringen, um den Fehlerquellen nachzugehen. Oft genügt ein besseres Anlernen der in Frage kommenden Helfer, um Mängel zu beseitigen. Das Verständnis der Anlernlinge für den Erfolg des Gießvorganges und damit für das Gelingen der Gußstücke ist natürlich zu wecken, denn Fehlguß oder Ausschuß wird in der Regel nicht ganz verhütet und bringt daneben oft bedeutenden Schaden. Mit allen Mitteln der Form- und Gießtechnik ist deshalb darauf hinzuwirken, den Anteil an Fehlguß gering zu halten. Bei Prüfung und Abnahme des Gusses ist leicht festzustellen, wie hoch der Anteil Fehlguß durch Schlackeneinflüsse am Gesamtschmelzverlust des Gießtages ist, dabei darf nicht übersehen werden, daß im Fehlguß mit den Schmelzkosten für das vergeblich vergossene Eisen auch die anteiligen Fertigungslöhne, Betriebs- und Gemeinkostenanteile verlorengehen. Durch eine scharfe Betriebsüberwachung können diese Verluste in erträglichen Grenzen gehalten oder gemindert werden.

C. Kostenermittlung, Nachwuchsschulung, Unfallverhütung.

42. Kostenermittlung für das flüssige Eisen. Die vom Verein Deutscher Eisengießereien herausgegebene „Harzburger Druckschrift" von 1919 ist inzwischen als 5. Auflage der „Selbstkostenrechnung für Eisengießereien" nach den Richtlinien für die Marktregelung im Graugußgewerbe gemäß Anordnung R.-Wi.-M. vom 30. 12. 1935 als Neubearbeitung 1937 erschienen[1].

Über die Preisbildung in der Gießerei-Industrie sind von der Wirtschaftsgruppe „Gießerei-Industrie" weitere Richtlinien herausgegeben, um gewissen Schwierigkeiten bei der Ausarbeitung eines Kontenrahmens für die Gießereien zu begegnen. In diesen Unterlagen zur Organisation der Buchführung, insbesondere unter den allgemeinen Erläuterungen zum Kontenrahmen, der nach dem Zehnersystem gegliedert ist und sich eng an den Ablauf des Betriebsvorganges anlehnt, ist die abrechnungstechnische Trennung zwischen Jahres- und Monatsrechnung aufgebaut. Die Gliederung der Klassen ist folgende:

> Klasse 0: Anlage und Kapitalkonten.
> Klasse 1: Finanzkonten.
> Klasse 2: Abgrenzungskonten.

---

[1] Auf diese und die übrigen Schriften der Wirtschaftsgruppe Gießerei-Industrie sei ausdrücklich hingewiesen.

Klasse 3: Konten der Roh-, Hilfs- und Betriebsstoffe.
Klasse 4: Konten der Kostenarten.
bis Klasse 9: Abschlußkonten.

Die Unterteilung im Normalkontenrahmen ist verbindlich. Eine weitere Unterteilung innerhalb dieses Zehnersystems kann von größeren Werken je nach Bedarf vorgenommen werden. Hierzu dienen die Vorschläge des erweiterten Kontenrahmens, die richtunggebend sein sollen. Die Klassen 3 bis 8 umfassen die Kosten für den Betrieb und seine Leistungen, also Einkauf, Lager, Erzeugung und Verkauf. Die Klasse 3 enthält die Bestandskonten der Roh-, Hilfs- und Betriebsstoffe, und die Klassen 4—6 sollen der betrieblichen Leistungsabrechnung, d. h. der Kostenarten-, Kostenstellen- und Kostenträgerrechnung dienen. Für die Erfassung der Kostenarten ist die Klasse 4 vorgesehen.

Die Aufrechnung der Kosten für das flüssige Eisen in den Kostenrichtungslinien der Wirtschaftsgruppe „Gießerei-Industrie" wird sehr wahrscheinlich noch eine schärfere Zusammenfassung und Trennung der Kosten für den Schmelzbetrieb als Kostenstelle erfordern, die diesbezüglichen Richtlinien für die Kostenrechnung werden aber erst herausgegeben, wenn die Kostenregeln für die industriellen Wirtschaftsgruppen fertiggestellt sind. Die Veröffentlichung erfolgt in den bekannten Mitteilungen der Wirtschaftsgruppen.

Es sei erwähnt daß die Preisverhältnisse bei der Gießerei-Industrie wesentlich schwieriger liegen als auf vielen anderen Gebieten. Ganz besonders gilt dies für Kundenguß, wenn eine Vielzahl verschiedenster Modelle, die noch dazu häufig geändert werden müssen, in Frage kommt. Die Preisbildung ist deshalb oft schwierig zu lösen. Hierbei dürfte eine aufklärende Schrift: „Die Preisbildung in der Gießerei-Industrie" von Dr. H. DICHGANS und Dipl.-Ing. H. BURKART[1], die über wichtige Fragen der Preisentwicklung und Preisverstöße, mit Bezug auf die Preisvorschriften, klare Auskunft gibt, den Fachkreisen sehr willkommen sein. Von weiteren Einzelheiten über den Aufbau des genannten Kontenrahmens, insbesondere über den Einkauf, kann hier Abstand genommen werden.

Der Verbrauch der Roh- und Hilfsstoffe im Schmelzbetrieb wird durch Führung eines Schmelzbuches, unter Auswertung der täglichen Schmelzberichte, festgestellt. Der Gießereileiter oder Gießermeister bestimmt an Hand eines Vordruckes die täglich in Frage kommenden Eisensätze (Gattierungen), nachdem vorher, ebenfalls an Hand eines Vordruckes, der tägliche Eisenbedarf, entsprechend den Tagesleistungen der Former, aufgenommen ist.

Dieser sogenannte Schmelzplan (Tabelle 13) enthält also den jeweiligen Bedarf an flüssigem Eisen nach Art und Menge, der frühzeitig genug dem Ofenvorarbeiter zugestellt wird, damit dieser für die Vorbereitung der Eisensätze nebst Zubehör (Zuschläge usw.) sorgen kann. Der tägliche Schmelzbericht gibt dann genauen Aufschluß über die tatsächlich verbrauchten Roh- und Hilfsstoffe, die im Schmelzbuch festgelegt werden (Tabelle 14). Die täglichen Bedarfsaufnahmen, Schmelzanweisungen und Schmelzberichte bilden die Grundlage für das von der Betriebsleitung vorschriftsmäßig zu führende Schmelzbuch über den monatlichen Verbrauch an Schmelzstoffen, sowie Hilfsstoffen für die Instandhaltung der Öfen, also einschließlich feuerfester Steine, Stampfmasse, Klebsand usw.

Der Verbrauch an sonstigen Hilfsstoffen wird aus den Hilfsstofflisten, Lagerkarten und Bezugsscheinen entnommen. Die Richtigkeit der Aufzeichnungen wird durch die Bestandsaufnahme nachgeprüft. Anfangsbestand + Zugang abzüglich Endbestand = Verbrauch. Die Bestandsaufnahmen werden regelmäßig, möglichst

---

[1] Düsseldorf: Gießerei-Verlag G.m.b.H. [2. Aufl. 1941.

monatlich, vorgenommen. Aus den Aufzeichnungen muß der Verbrauch nicht nur wertmäßig, sondern auch mengenmäßig hervorgehen. Auch von den kleinen Gießereien muß daher die Führung eines Schmelzbuches verlangt werden. Für die sonstigen Hilfsstoffe kann, soweit die Vorratshaltung über einen Monatsbedarf nicht hinausgeht, der Eingang gleich Verbrauch gesetzt werden. Die Unterteilung des Hilfsstoffverbrauches nach Kostenstellen geschieht zweckmäßig bei Entnahme der Hilfsstoffe unmittelbar in der betreffenden Lagerkartei.

Tabelle 13. Vordruck für Schachtofen-Eisensätze (Schmelzplan).

Ofen Nr. ......
Schmelztag: .... Gesamtsatzzahl: .... Gesamtgewicht: ....

Stapel Nr.	Gewicht %	Eisensatz Nr.	kg	Stapel Nr.	Gewicht %	Satz	kg
		Hämatit-Roheisen				Hämatit	
		Gießerei-Roheisen I				G.-R. I	
		Gießerei-Roheisen III				G.-R. III	
		Gießerei-Roheisen IVB				G.-R. IVB	
		Sondereisen				Sonder-E.	
		Eingüsse, Steiger usw.				Eingüsse	
		Maschinengußbruch				M.-Bruch	
		Stahlabfälle				Stahl	
		E.K.-Pakete				E.K.	

Gesetzt: Eisensorte „Sondereisen" .... Satz
  „ „ Zylindereisen .... „
  „ „ Maschineneisen I .... „
  „ „ Roststäbe usw. .... „
  „ „ X .... „

Zuschläge: Füllkoks .... kg
  % Satzkoks .... „
  % Kalksteine .... „
  % Flußspat .... „
  Entschwefelungsmittel
  Legierungspakete

Gebläse angestellt .... h Erster Abstich .... h
 „ abgestellt .... h Letztes Eisen .... h

Unterschriften: Schmelzbetrieb Gießereimeister Betriebsleitung
   gez.   gez.   gez.

Über den tatsächlichen Schmelzgang, der entsprechend den im Verlauf der Schmelzung sowohl in der Gießerei wie an der Schmelzanlage eintretenden Betriebsvorfällen (Störungen) usw. vom Schmelzplan hin und wieder etwas abweichen wird, gibt der täglich für jeden Schachtofen gesondert zu erstattende Schmelzbericht alle Aufschlüsse (Tabelle 14). Um nun die Gestehungskosten im Schmelzbetrieb, d. h. die Kosten für das flüssige Eisen vom kalten Einsatz bis zur Entnahme in die Gießpfannen zu ermitteln, ist der monatliche Verbrauch in dem bereits genannten Schmelzbuch zusammenzufassen.

Es ist dabei zu unterscheiden: a) der Einsatz: Roheisen, Gußbrucheisen, Stahlabfälle, Zusätze usw., b) die Schmelzkosten: alle Brennstoffe, Zusatzstoffe, Löhne für Schmelzer und sonstige Ofenarbeiter, Instandhaltung der Schmelzanlage mit Gebläse und Geräten, ferner Förderanlage, Hebezeuge für den Schmelzbetrieb, Eisen- und Rohstoffuntersuchungen, Lizenzgebühren, Kraftstrom für Gebläse und Aufzüge, Beleuchtung, Heizung, Wohlfahrtseinrichtungen usw., ferner auch Anteile an Gehältern für den Schmelzbetrieb. In Tabelle 15 ist der Vordruck einer Monatsrechnung für den Schmelzbetrieb gemäß dem vom Verein Deutscher

Tabelle 14. Vordruck für Schmelzbericht.

Schmelzbericht vom ....19...

Beginn der Schmelzung: Ende der Schmelzung: Schmelzleistung je Std......kg

Ofen Nr.	Eisensorten	Anzahl d. Sätze	Hämatit	I Gieß.	III Gieß.	IV B Gieß.	Birlenbacher	Si-Eisen	Spiegel-Eisen	Eisen		E.K. Si	E.K. Mn	Stahlabfälle	Zusätze	Resteisen	Bruch eigner	fremder	Bemerkung

Satzzahl:																			
Satzgewicht:																			
ges. Verbrauch:																			

Füllkoks Ofen Nr. ....kg
„   „   „ ....kg
Satzkoks ......Gichten ......kg ....kg
„   ......Doppelgichten ......kg ....kg
Gesamtkoks: ....kg

Kalksteine Satz ......kg ....kg
Flußspat ......kg ....kg
Entschwefelungsmittel ......kg ....kg
.........kg

Schamottesteine ......kg ....kg
Klebsand ......kg ....kg
Brennholz ....

......Schmelztag im Monat ......

Einsatz ges. ....kg

Einsatz je Tag ....

Resteisen beim Entleeren: ......kg

Betriebsvorfälle: Störungen im Schmelzbetrieb u. a.

Unterschrift:

....

Betriebsleiter.

Eisengießereien aufgestellten Preisbildungsblatt I wiedergegeben. Diese Abrechnung ergibt natürlich nur Durchschnittswerte für die Schmelzkosten, die als Vergleichswerte für die einzelnen Monate dienen können. Handelt es sich aber um Sonderguß nach vorgeschriebener Zusammensetzung, bestimmter Analyse und Festigkeit, sowie anderen Abfallwerten, dann sind die Kosten für das flüssige Eisen oder die Eisenkosten im fertigen Gußstück von Fall zu Fall unter Berücksichtigung der in Frage kommenden Eisenmischung und der Abfallwerte einzu-

Monat................19....

Tabelle 15. Vordruck für Monatsabrechnung für das flüssige Eisen[1]
(Schmelzbetrieb).

A	B	C	D	E
Zeile	Kostenart	kg	Tagespreis je t frei Haus	Wert RM.
I. Einsatz (kalter Satz)				
1.	Hämatit-Roheisen			
2.	Gießerei-Roheisen I (bisher Deutsch I)			
3.	Gießerei-Roheisen III (bisher Deutsch III)			
4.	Gießerei-Roheisen IV A (bisher Englisch III)			
5.	Gießerei-Roheisen IV B (bisher Luxemburg III)			
6.	Sondereisen			
7.	Eigenbruch (Eingüsse, Steiger, Resteisen, Ausschlußstücke)			
8.	Maschinengußbruch			
9.	Handelsgußbruch			
10.	Stahlschrott			
11.	Schmelzzusätze: Legierungsbriketts usw.			
12.	Summe 1···11			
13.	abzügl. Abbrand....% vom Gesamteinsatz			
14.	ergibt Ausbringen			
II. Schmelzkosten				
15.	Füll- und Satzkoks, Brennholz, Öl usw. zum Ofenanfeuern			
16.	Kalkstein, Flußspat			
17.	Löhne und Urlauberlöhne für Schmelzer, Begichter und sonstige Ofenarbeiter, Eisenschläger, Pfannenausschmierer usw. nebst den gesetzlichen Soziallasten hierauf			
18.	Instandhaltung der Schmelzanlagen (feuerfeste Stoffe, wie Stampfmasse, Schamottesteine, Lehm usw., Reparaturen)			
19.	Kosten für Analysen, Lizenzkosten (soweit die Lizenzen sich auf den Schmelzbetrieb beziehen)			
20.	Strom für Schachtofen, Gebläse, Aufzug usw.			
21.	Anteil an Allgemeinkosten und Betriebsgehältern			
22.	Summe 15···21 Schmelzkosten			
23.	Summe 14 E + 22 E (= Gesamtkosten des flüssigen Eisens in der Pfanne)		*)	
24.	abzügl. Abfall (Eingüsse, Steiger, Resteisen usw.)			
25.	ergibt Eisenkosten im fertigen Stück			
26.	Eisenkosten für 100 kg im fertigen Stück im Monatsdurchschnitt**)	RM.		

$$\text{*) Zeile 23 D} = \frac{\text{Zeile 23 E}}{\text{Zeile 23 C}} \cdot 100; \qquad \text{**) } \frac{\text{Zeile 25 E}}{\text{Zeile 25 C}} \cdot 100.$$

[1] Wiedergegeben mit Genehmigung der Wirtschaftsgruppe „Gießerei-Industrie".

setzen. Dabei sei wiederholt darauf hingewiesen, daß die Feststellung des beim Schmelzen des Eisens entstehenden Verlustes auch in der Preisbildung eine wesentliche Bedeutung hat. Dieser als „Abbrand" bezeichnete Schmelzverlust muß durch genaues Abwiegen der Einsatzmengen an Roheisen, Gußbrucheisen und allen

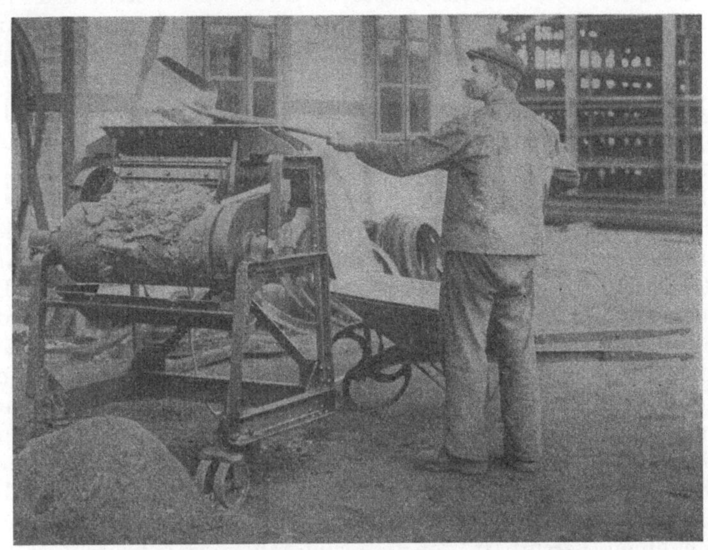

Abb. 62. Eisenabscheider für Schmelzbetriebe.

anderen metallischen Zusätzen monatlich oder vierteljährlich, sowie anderseits durch Feststellung des Ausbringens an flüssigem Eisen, an Gußwaren, Abfall und Fehlgußmengen in der gleichen Zeit überprüft werden, um den wirklichen „Eisenverlust" durch „Abbrand" zu ermitteln.

Verluste durch mangelhaftes Aussuchen der Schmelzrückstände, durch Spritzeisen beim Gießen, Matteisen und Pfannenreste usw. gehören nicht zum Abbrand und Schmelzverlust, sie können aber, wie z. B. die Abb. 62 zeigt, in vielen Fällen durch Aufstellung einer Schuttaufbereitungsanlage wesentlich gemindert werden (vgl. Abschn. 35). Es sei nochmals hervorgehoben, daß eine genaue Feststellung des Abbrandes nur durch Wägung des gesamten flüssigen Eisens und des aus den Schmelzrückständen ausgesuchten festen Eisens möglich ist. Solche Wägungen belasten allerdings die Betriebsarbeiten, aber es genügt, wie gesagt, wenn sie monatlich oder vierteljährlich wenigstens einmal ausgeführt werden. Die bekannten Kranwaagen zur Ermittlung des Gewichtes können hierbei gute Dienste leisten (Abb. 63).

Abb. 63. Kranwaage für Gießpfannen (Schäffer & Budenberg).

Nach den Ermittelungen des Verfassers zeigen sich in den Feststellungen über Schmelzverluste einschließlich Abbrand in großen und mittelgroßen Gießereibetrieben häufig wesentliche Unterschiede. Die Angaben über diesen Verlust schwanken je nach Art der Gußwarenerzeugung zwischen 3 und 7% vom eingesetzten Eisen. In einigen Betrieben für Maschinenguß konnte ein Gesamtverlust von 4···5% festgestellt werden, der unzweifelhaft bei genauen Wägungen auch noch unter 4% ermittelt werden kann. Die Höhe dieses Schmelzverlustes dürfte jedenfalls für die Aufstellung der Gewinn-und Verlustrechnung in der Gießerei von Bedeutung sein.

Betreffs Verwendung von Spritzeisen und Eisenrückständen aus der Gießerei und Putzerei muß noch erwähnt werden, daß diese Rückstände nicht unmittelbar im Schmelzbetrieb ausgewertet werden können, denn die Eisenmengen enthalten mehr oder weniger auch verrostete Formstifte und ähnlichen Abfall. Wenn dieser z. B. zu hochwertigen Gußeisensorten in den Schachtofen kommt, kann der Abfall zu unliebsamem „Fehlguß" führen und anstatt der Ersparnisse durch die Schuttaufbereitung treten große Verluste in die Erscheinung.

Es ist deshalb gut, minderwertige Abfälle an Eisen der vorgenannten Art zu geringwertigen Gußstücken zu verwenden, oder besser noch, diese Abfalleisen einem Stahlwerk zuzuführen.

43. Nachwuchsschulung im Schmelzbetrieb. Wie aus dem „Berufsbildungsplan für den Lehrberuf Former in der Eisengießerei", bearbeitet vom Reichsinstitut für Berufsausbildung in Handel und Gewerbe, und aus dem „Grundlehrgang: Formsand und Gußeisen" der Lehrmittelzentrale Verlagsgesellschaft m. b. H., Berlin, in Verbindung mit der Deutschen Arbeitsfront, zu entnehmen ist, wurde in einer Fachausschußsitzung am 13. Juni 1940 das bereits seit 1936 bestehende Berufsbild des Lehrberufes „Former" einer erneuten Prüfung unterzogen. Es ergab sich, daß eine Zusammenfassung in der Heranbildung des erforderlichen Nachwuchses auf Grundlage eines gemeinsamen Lehrberufes als nicht durchführbar anzusehen ist. Im Hinblick auf die neue Lage der Ausbildungsverhältnisse wurde in der genannten Sitzung, an der die Vertreter der Wirtschaftsgruppe „Gießerei-Industrie", der Reichsgruppe „Industrie", der Deutschen Arbeitsfront und der Reichsjugendführung teilnahmen, vereinbart, den bisher bestehenden Lehrberuf „Former" aufzuheben und durch mehrere, auf die Eigenart der jeweils vorliegenden Arbeitstechnik abgestellte Ausbildungsberufe zu ersetzen.

Es wurde zunächst das Berufsbild des Lehrberufes „Sandformer" festgelegt, und zwar mit folgendem Wortlaut:

Berufsbild des Sandformers (für die praktische Ausbildung), Lehrzeit drei Jahre.
Arbeitsgebiet des Sandformers:
Herstellen von schwierigen Formen von Hand aus Formstoffen aller Art nach Modellen und Kernkästen, Zeichnungen und Schablonen (Dreh- und Ziehbretter) zum Vergießen von Gußeisen, Leichtmetall-Legierungen, Schwermetall-Legierungen, Stahlguß und Temperguß.
Pflegen und Instandhalten der Werkzeuge, Maschinen, Formeinrichtungen und Arbeitsgeräte.
Fertigkeiten, die der Lehrling in der Lehrzeit erwerben soll:
Notwendige: Kennenlernen der Werk- und Hilfsstoffe, ihrer Eigenschaften und Verwendungsmöglichkeiten.
Grundfertigkeiten des Formens von Hand:
Formen im Naß- und Trockenguß mit und ohne Formkasten, nach ungeteilten und geteilten Modellen, ohne und mit Kernen sowie mit Dreh- und Ziehbrettern. Herstellen von einfachen Kernen.
Gießen, Ausleeren.
Fachfertigkeiten des Formens von Hand für wenigstens eine der obengenannten Metallgruppen.
Kennenlernen der Aufbereitung der Form- und Hilfsstoffe.
Kennenlernen des Schmelzbetriebes.
Kennenlernen des Gußputzens und der Gußüberprüfung.

Wie aus dem Berufsbild hervorgeht, betrifft das Arbeitsgebiet des Sandformers auch das Pflegen und Instandhalten der Werkzeuge, Maschinen und Geräte, und zu den Fertigkeiten, die der Lehrling in der Lehrzeit erwerben soll, gehören als notwendige: das Kennenlernen der Werk- und Hilfsstoffe, ihre Eigenschaften und Verwendungsmöglichkeiten. Als Grundfertigkeiten neben dem Formen auch das Gießen und Ausleeren, sowie das Kennenlernen der Aufbereitung der Form- und Hilfsstoffe und nicht zuletzt das Kennenlernen des Schmelzbetriebes.

Oft wird vom Gießereibetrieb als von einem Stiefkind des Metallgewerbes gesprochen und in den Gießereien immer wieder über Nachwuchsmangel geklagt. Daraus kann geschlossen werden, daß das Verständnis für den Beruf des Formers und Gießers sehr zu wünschen übrig läßt und daß die in Frage kommenden Betriebe der Eisen- und Metallgießereien es meist auch an Werbetätigkeit für ihre lebenswichtigen Unternehmen fehlen lassen. Häufig bleiben Werkstätten und Wohlfahrtsräume derart vernachlässigt, daß die Besucher der Betriebe oder Außenstehende ein falsches Bild von der Bedeutung der Gießerei-Industrie bekommen. Mit Lehrplänen allein ist also dem Nachwuchsmangel in den Gießereien nicht abzuhelfen, es muß auch Verständnis in den Betrieben gezeigt werden, für den Lehrberuf des Formers angemessenen Lebensraum zu schaffen, damit der Formerlehrling und Jungformer oder angehende Meister und Betriebsleiter mit Freude am eigenen Schaffen auch nach außen hin für diesen schweren aber schönen Beruf eintreten und werben kann.

Daß im Formerberuf Aufstiegsmöglichkeiten verschiedener Art vorhanden sind, ist auch weniger bekannt, aber die Nachfrage nach tüchtigen Gießereifachleuten beweist, daß noch manches nachgeholt werden muß, damit die jungen Leute nicht den Gießereibetrieben fernbleiben und sich lieber den Berufen im Maschinen- und besonders im Motorenbau zuwenden, in denen sie weniger unter Staub und schlechter Luft, Hitze und Kälte leiden, auch auf die heute selbstverständlichen Annehmlichkeiten in bezug auf Kleiderablage, Wasch- und Aufenthaltsräume nicht zu verzichten brauchen.

Auch die dringend notwendige Einrichtung einer Lehrwerkstatt oder Lehrecke unter Leitung eines Lehrmeisters oder Lehrformers darf bei der Heranbildung der Facharbeiter in der Gießerei nicht fehlen. Je fleißiger die kurze Lehrzeit ausgenutzt wird, um so größer ist auch der Erfolg in der Werk-, Berufs- oder Fachschule, der dem jungen Gießereifachmann weitere Grundlagen für ein erfolgreiches Vorwärtskommen bietet. Wie bereits im Berufsbild unter den Fachfertigkeiten des Sandformers besonders bemerkt ist, soll der Lehrling im Laufe der 3 Jahre auch den Schmelzbetrieb in der Gießerei, die Werk- und Hilfsstoffe, deren Eigenschaften und Verwendungsmöglichkeiten kennenlernen. Was Werk- und Hilfsstoffe im Schmelzbetrieb mit Gießerei-Schachtöfen bedeuten, ist in den vorhergehenden Abschnitten ausführlich dargelegt. Der Lehrmeister oder Lehrformer muß nun, wenn irgend möglich, an jedem Gießtage die Lehrlinge immer wieder auf diese Stoffe und deren Verhalten im Formverfahren, im Schmelzgang des Schachtofens und beim Gießen und Entleeren hinweisen. Es sei an den Ausspruch eines alten Gießereifachmannes erinnert, der einst in bezug auf die metallurgische Kenntnis der Eisenmischungen, des Abbrandes und der Anreicherungen derselben im Schachtofen, von einer „Seele des Schachtofenbetriebes" gesprochen hat. Dieser Ausspruch galt nicht zuletzt den Auswirkungen eines „Stahlzusatzes" im Schachtofen. Wenn auch diese Frage in der Zwischenzeit weitgehende Klärung fand, kann heute aber doch noch vom „Schmelzbetrieb" als Seele des Gießereibetriebes gesprochen werden, auch dann, wenn zur Verfeinerung der Schmelze ein zeitgemäßer Lichtbogenofen zur Verfügung steht.

Es ist jedenfalls für den Formerlehrling nützlich und für den Jungformer und angehenden Meister oder Gießereileiter selbstverständlich, daß sie sich eingehend um Art und Verwendung der Roh- und Hilfsstoffe und um den Schmelzbetrieb mit Schachtöfen in der Eisengießerei bekümmern, so daß sie immer mehr Erfahrungen erlangen, wie den Fehlerquellen im Guß nachgegangen und abgeholfen werden kann, um das Ergebnis des Schmelzbetriebes, d. h. die „Wirtschaftlichkeit in der Gießerei" zu verbessern. .

Der Hinweis im Berufsbild des Sandformers[1], daß die Lehrlinge in der Gießerei den Schmelzbetrieb kennenlernen müssen und daß zu den notwendigen Fertigkeiten auch das Kennenlernen der Werk- und Hilfsstoffe gehört, sagt demnach, daß im Ausnahmefall ein begabter Lehrling im letzten Lehrjahr oder ein Jungformer zur weiteren Ausbildung zeitweise den Abstecher oder Schmelzer vertreten soll. Das gleiche gilt bezüglich der Arbeiten auf der Gichtbühne, beim Abwiegen der Eisen- und Kokssätze, sowie bei der Entnahme des flüssigen Eisens unmittelbar am Ofen. Der etwas rauhe Gießereibetrieb verlangt allerdings für den Beruf des Formers kräftigen Nachwuchs, der bei richtiger Kost und sportlicher Betätigung während der Freizeit sich am günstigsten entwickeln kann. Weniger kräftige Lehrlinge können zunächst für die leichtere Bankarbeit und in der Kernmacherei beschäftigt werden, oder in Frage kommen. Es ist auch zweckmäßig, den angehenden Formern und Gießern die Grundlehrgänge sowie weitere Fachbücher über die Herstellung von „einwandfreiem Guß" in die Hand zu geben, so daß aus diesen Unterlagen die Bedeutung des Schmelzbetriebes und der notwendigen Maßnahmen zum richtigen Vergießen der von Fall zu Fall vorgeschriebenen Eisenmischung oder Legierung erkannt werden kann.

44. Betriebsblätter und Unfallverhütungsvorschriften. Es empfiehlt sich, auch die Schmelzer und deren Helfer, die Eisenträger u. a. auf die vom Ausschuß für wirtschaftliche Fertigung herausgegebenen Betriebsblätter, z. B. solche mit Vorschriften für Kranführer, Maßnahmen zur Feuerverhütung u. a. hinzuweisen. Dasselbe gilt auch bezüglich der Unfallverhütungsvorschriften, die in den Gießereibetrieben besondere Beachtung verdienen. Diese Vorschriften bringen im Abschnitt XXIII „Gießereien" unter „Allgemeines" sowie „Schmelzen und Gießen" einige Hinweise, die nicht oft genug den in Frage kommenden Gefolgschaften vor Augen geführt werden können. Einige dieser Leitsätze sind hier wiedergegeben:

§ 2. Die Wege in den Gießereien müssen eben und breit genug sein und während des Gießens frei gehalten werden, damit der Verkehr mit den Gießpfannen unfallsicher erfolgen kann.

§ 7. Stellen, auf die Eisen, Metall oder Schlacke in flüssigem Zustande betriebsmäßig hingelangen können, müssen trocken sein. Muß überflüssiges Eisen in den Sand gegossen werden, so ist die betreffende Stelle abzusperren oder das Eisen ist bis zum vollständigen Erkalten sicher abzudecken. Vor dem Ofen ist stets ein ausreichender ebener Platz frei zu halten.

§ 8. Zur Vermeidung von Explosionen bei Abstellen der Luftzufuhr am Schachtofen müssen die Düsen mit der atmosphärischen Luft in Verbindung stehen. Für genügende Zufuhr von Frischluft auf der Gichtbühne ist zu sorgen. Beim Entleeren der Schachtöfen ist Vorsorge zu treffen, daß die Gefolgschaft nicht durch ausfließende Schlacke oder durch flüssiges Eisen in Gefahr gerät.

§ 10. Beim Abstechen, während des Füllens der Gießpfannen und während des Gießens dürfen sich nur die damit Beschäftigten in der Nähe der Schmelzöfen aufhalten. Die Schmelzer müssen beim Ofenabstich geeignete Schutzbrillen tragen.

§ 11. Beim Schachtofenbetrieb hat sich die Gefolgschaft, soweit es die Arbeit zuläßt, seitlich des Abstiches aufzuhalten. Vor dem Fortschaffen der Kranpfannen ist der Abstich am Ofen zu schließen, beim Abfangen des Eisens in Handpfannen dürfen keine zu hohen Pfannen vor dem Ofen stehen, die die Eisenentnahme behindern.

§ 12. Eisenstangen (Krampstöcke) sind, bevor sie mit dem flüssigen Eisen in Berührung kommen, anzuwärmen.

---

[1] Der Former, Großdeutschlands erster Maschinenbauer, von FRIEDR. DELLWIG, Gelsenkirchen. Gießerei 1941 Heft 6 S. 132—134; Grundlehrgang Formsand und Gußeisen, Berlin-Zehlendorf: Lehrmittelzentrale Verlagsgesellschaft m. b. H.

§ 13. Kran- und Gießpfannen sind vor dem Gebrauch gut zu trocknen. Das flüssige Eisen ist auf dem Förderweg in Scherenpfannen genügend abzublenden. Die Pfannengehänge sind auf schadhafte Stellen (Rißbildung) ständig zu beobachten. Kippbare Kranpfannen müssen außen frei von Ansätzen sein, damit die Bewegung der Pfannen nicht gehemmt wird.

§ 14. Gießpfannen mit 1000 kg Inhalt und mehr, bei welchen das Kippen von Hand erfolgt, müssen mit Schnecke und Schneckenrad versehen sein. Die Sperrvorrichtung darf nicht ausschaltbar sein. Kleine Pfannen sollen zuverlässige Vorrichtungen haben, die ein unbeabsichtigtes Kippen verhindern, ihre Sperrvorrichtungen sind gewissenhaft zu benutzen.

§ 16. Beim Gießen soll die Gefolgschaft festes und geschlossenes Schuhwerk tragen, es soll Schutz gegen Funken und flüssiges Eisen gewähren und leicht abgeworfen werden können. Genügen die Schuhe den Anforderungen nicht, so ist ein zweckentsprechender Schuhschutz zu tragen. Schnelles Laufen mit gefüllten Gießpfannen ist zu vermeiden.

Druck von C. G. Röder, Leipzig.